宁夏古树名木

编 委 会

宁夏古树名木

NINGXIA GUSHU MINGMU

魏耀锋 主编

黄河出版传媒集团
阳 光 出 版 社

图书在版编目（CIP）数据

宁夏古树名木 / 魏耀锋主编. -- 银川：阳光出版社，2022.9
ISBN 978-7-5525-6545-4

Ⅰ. ①宁… Ⅱ. ①魏… Ⅲ. ①树木－介绍－宁夏
Ⅳ. ①S717.243

中国版本图书馆CIP数据核字（2022）第188954号

宁夏古树名木　　魏耀锋　主编

责任编辑　马　晖
封面设计　石　磊
责任印制　岳建宁

黄河出版传媒集团
阳光出版社　出版发行

出 版 人　薛文斌
地　　址　宁夏银川市北京东路139号出版大厦（750001）
网　　址　http：//www.ygchbs.com
网上书店　http：//shop129132959.taobao.com
电子信箱　yangguangchubanshe@163.com
邮购电话　0951-5047283
经　　销　全国新华书店
印刷装订　宁夏凤鸣彩印广告有限公司
印刷委托书号　（宁）0024672

开　　本　720mm×980mm　1/16
印　　张　16.5
字　　数　200千字
版　　次　2022年9月第1版
印　　次　2022年9月第1次印刷
书　　号　ISBN 978-7-5525-6545-4
定　　价　128.00元

序　言

森林是构成陆地生态系统的最重要组成部分，林草兴则生态兴，生态兴则文明兴。森林孕育了人类，人类从森林中走出并逐步走向文明，森林是人类成长的摇篮。古树是与文物、文字并存的第三部“史书”，它们客观记录并生动地反映了自然变迁和社会发展的轨迹，是历史的见证、活着的文物。人类在世代繁衍生息和生产生活中，与古树形成了休戚与共的关系，古树承载着一代又一代人心灵深处最温馨美好的记忆、最割舍不下的乡愁。古树享有“绿色活化石”“绿色文物”的美誉。它们是历史的见证者，是绿色文明的传播者，是自然界和前人留给当代人最宝贵的物质与精神财富之一。

宁夏地区，是中华民族的主要聚居地和古代东亚农业的主要发祥地之一，也是《禹贡》记载的九州“雍梁之地”。历史上宁夏是一个多林区域，据西夏文文献《圣立义海·山之名义》记载：“黑山郁郁万种树，民庶尽伐无不觅”“树稠林茂，人尽伐烧炭，冬烧功利多”“谷间泉水，山下耕灌也”。据考证，黑山在今宁夏同心县韦州镇一带，在西夏时期，这里还是森林茂密的好地方，森林涵养的泉水能发展灌溉农业，但也反映出先民伐薪烧炭对森林的破坏。古树见证了宁夏历史的变迁，为我们留下了峥嵘岁月的印记，如1875—1878年，我国晚清爱国将领左宗棠在新疆平乱征途中“新栽杨柳三千里，引得春风度玉关”，至今在宁夏固原市隆德县沿西（安）－兰（州）古道边保留着18株合抱参天的“左公柳”，见证和记载了当年这段荡气回肠、抗御外敌入侵的悲壮历史。宁夏还有500多年树龄、见证固原市原州区黄铎堡镇历史的老榆树；有见证1920年海原8.5级特大地震的海原“震柳”……宁夏的每株古树都有一段历史，每段历史都摄人心魄。为了摸清宁夏百年以上古树的分布、生长和保护状况，2017年原宁夏林业厅按照全国绿化委员会的统一部署，安排宁夏林业调查规划院开展全区古树名木调查，从2017年6月开始，宁夏林业调查规划院组织技术人员历时1年又4个月，完成了宁夏现存古树名木确认、登记、建档等工作。2021年8—9月，又对全区古树名木进行补充拍照。经调查统计，宁夏共有各类散生古树名木597株（古树593株，名木4株），涉及刺槐、旱柳等29个树种，其中树龄500年以上一级古树2株，树龄300年以上二级古树34株，树龄100年以上三级古树557株，名木4株。宁夏有5个古树群，保存各类古树2万余株。

了解古树名木就是学习历史，保护古树名木就是抢救文物。为了更好地向读者介绍宁夏古树名木的保存现状和保护情况，使更多人学习和了解宁夏古树名木知识，为宁夏古树名木保护做出新贡献，按照宁夏林草局安排，我们组织编写了《宁夏古树名木》一书，该书集科普性、知识性、趣味性于一体，收录了宁夏境内216株有特色的古树，4株名木，3处古树群，部分古树名木除照片外还收录历史故事，力求全方位展示古树名木的独特魅力和价值。书中所列古树的树龄、树高、冠幅等均以2018年为基准年。通过本书出版，希望能丰富读者视野、增强对自然文化遗产特别是对古树名木的保护意识，教育人们热爱大自然、尊重和保护历史文化、共建生态文明的和谐社会。

由于时间仓促，编写错漏之处在所难免，恳请读者批评指正。

编　者

2022年7月

目　录

CONTENTS

一 银川市

二 石嘴山市

三 吴忠市

四 固原市

五 中卫市

一 银川市

银川市古树名木基本情况

银川市位于宁夏平原中部，是宁夏回族自治区首府，下辖兴庆、金凤、西夏、永宁、贺兰、灵武共三区两县一市，辖区面积0.69万平方公里，是西北地区重要中心城市，是黄河“几”字弯区域中心城市，有2100多年建城史，是中国历史文化名城，古有“七十二连湖”之说，现有“塞上湖城”之美誉。全市有自然湖泊200余处，是首批“国际湿地城市”，境内有贺兰山国家级自然保护区、白芨滩国家级自然保护区等。

银川东临黄河，西依贺兰山，“一山一河”造就银川山川兼备，地貌类型多样。得黄河水自流灌溉之便利，沿农田及沟渠路建设的防护林网体系完善，城市森林亘古发达。2021年全市森林面积147.2万亩，森林覆盖率14.73%，沙枣和国槐为银川市市树。

银川市保留至今的古树以人工栽种的阔叶树为主，树种为刺槐、桑、榆、枣等，主要分布在兴庆区、永宁县和灵武市。本书收录银川市古树25株、古树群1处、名木4株，其中有二级古树1株，三级古树24株。全市树龄最大的古树为305年，最高古树37.5米，最粗的古树胸围540厘米。

❶ 刺　槐（古树13株）*Robinia pseudoacacia* L.

豆科　刺槐属

刺槐

所在地：	宁夏回族自治区银川市兴庆区前进街西塔公园		
经　度：	106.26°	纬　度：	38.46°
权　属：	国有	分布特点：	散生
古树等级：	三级	树　龄：	116年
胸　围：	147厘米	树　高：	13.0米
东西冠幅：	15.0米	南北冠幅：	15.0米
平均冠幅：	15.0米	立地坡向：	无坡向
生长环境：	良好	生长势：	正常

刺槐：落叶乔木，树皮灰褐色至黑褐色，浅裂至深纵裂，稀光滑，羽状复叶；总状花序，花白色；荚果扁平，褐色或具红褐色斑纹。根系浅而发达，易风倒，适应性强，为优良固沙保土树种。宁夏全区均有栽植。

刺槐

所 在 地：宁夏回族自治区银川市兴庆区前进街西塔公园

经　　度：	106.26°	纬　　度：	38.46°
权　　属：	国有	分布特点：	散生
古树等级：	三级	树　　龄：	115年
胸　　围：	187厘米	树　　高：	19.0米
东西冠幅：	12.0米	南北冠幅：	11.0米
平均冠幅：	11.5米	立地坡向：	无坡向
生长环境：	良好	生 长 势：	正常

刺槐

所在地：宁夏回族自治区银川市兴庆区前进街西塔公园

经度：	106.26°	纬度：	38.46°
权属：	国有	分布特点：	散生
古树等级：	三级	树龄：	120年
胸围：	240厘米	树高：	20.0米
东西冠幅：	18.0米	南北冠幅：	13.0米
平均冠幅：	15.5米	立地坡向：	无坡向
生长环境：	良好	生长势：	正常

刺槐

所 在 地：	宁夏回族自治区银川市兴庆区前进街西塔公园		
经　　度：	106.26°	纬　　度：	38.46°
权　　属：	国有	分布特点：	散生
古树等级：	三级	树　　龄：	113年
胸　　围：	141厘米	树　　高：	20.0米
东西冠幅：	18.0米	南北冠幅：	13.0米
平均冠幅：	15.5米	立地坡向：	无坡向
生长环境：	良好	生 长 势：	正常

刺槐

所在地：宁夏回族自治区银川市兴庆区解放西街农行营业部内

经　　度：	106.26°	纬　　度：	38.47°
权　　属：	集体	分布特点：	散生
古树等级：	三级	树　　龄：	115年
胸　　围：	130厘米	树　　高：	21.0米
东西冠幅：	9.0米	南北冠幅：	8.0米
平均冠幅：	8.5米	立地坡向：	无坡向
生长环境：	良好	生 长 势：	正常

刺槐

所 在 地：宁夏回族自治区银川市兴庆区解放西街农行营业部内

经　　度：	106.26°	纬　　度：	38.47°
权　　属：	集体	分布特点：	散生
古树等级：	三级	树　　龄：	115年
胸　　围：	130厘米	树　　高：	22.0米
东西冠幅：	9.0米	南北冠幅：	11.0米
平均冠幅：	10.0米	立地坡向：	无坡向
生长环境：	良好	生 长 势：	正常

刺槐

所 在 地：宁夏回族自治区银川市兴庆区解放西街农行营业部内

经　　度：	106.26°	纬　　度：	38.47°
权　　属：	集体	分布特点：	散生
古树等级：	三级	树　　龄：	115年
胸　　围：	202厘米	树　　高：	22.0米
东西冠幅：	9.0米	南北冠幅：	11.0米
平均冠幅：	10.0米	立地坡向：	东
生长环境：	良好	生 长 势：	正常

马鸿逵旧居“将军第”内有三株古刺槐树。据银川市园林局工作人员考证，这三株古树在马鸿逵修建官邸前就存在，官邸建成后马鸿逵感觉树枝遮光碍眼，命人将这三株树砍了，但刺槐萌蘖能力很强，几个月后新枝又从地面长了出来，马鸿逵迷信再砍树不吉利，就命人又将这三株树修剪护养起来。后来古树枝繁叶茂，树下成为马鸿逵避暑纳凉的宝地，而且树木生长笔直像卫兵守护。后来马鸿逵兵败逃走，这三株古树就一直保存了下来。

刺槐

所 在 地：宁夏回族自治区银川市永宁县望洪镇南方村

经　　度：	106.19°	纬　　度：	38.14°
权　　属：	个人	分布特点：	散生
古树等级：	三级	树　　龄：	113年
胸　　围：	333厘米	树　　高：	21.0米
东西冠幅：	16.0米	南北冠幅：	14.0米
平均冠幅：	15.0米	立地坡向：	无坡向
生长环境：	中等	生 长 势：	正常

刺槐

所 在 地：宁夏回族自治区银川市永宁县望洪镇南方村

经　　度：	106.19°	纬　　度：	38.14°
权　　属：	集体	分布特点：	散生
古树等级：	三级	树　　龄：	102年
胸　　围：	264厘米	树　　高：	21.0米
东西冠幅：	13.0米	南北冠幅：	14.0米
平均冠幅：	13.5米	立地坡向：	无坡向
生长环境：	中等	生 长 势：	正常

永宁县纳家户清真寺，坐落在永宁县城西2公里杨和乡纳家户村。该村在历史上就是一个闻名遐迩的回族村庄。据考证，现纳姓回民是明代由陕西迁移到这里，后建寺植树。寺中两株刺槐古树见证了一代又一代纳家户人的生活变迁史。

刺槐

所 在 地：宁夏回族自治区银川市永宁县望洪镇南方村

经　　度：	106.19°	纬　　度：	38.14°
权　　属：	集体	分布特点：	散生
古树等级：	三级	树　　龄：	110年
胸　　围：	335厘米	树　　高：	24.0米
东西冠幅：	15.0米	南北冠幅：	14.0米
平均冠幅：	14.5米	立地坡向：	无坡向
生长环境：	中等	生 长 势：	正常

刺槐

所 在 地：宁夏回族自治区银川市永宁县望洪镇南方村

经　　度：	106.19°	纬　　度：	38.14°
权　　属：	集体	分布特点：	散生
古树等级：	三级	树　　龄：	108年
胸　　围：	255厘米	树　　高：	20.0米
东西冠幅：	15.0米	南北冠幅：	10.0米
平均冠幅：	12.5米	立地坡向：	无坡向
生长环境：	中等	生 长 势：	正常

刺槐

所 在 地：宁夏回族自治区银川市永宁县杨和镇纳家户村

经　　度：	106.23°	纬　　度：	38.28°
权　　属：	集体	分布特点：	散生
古树等级：	三级	树　　龄：	103年
胸　　围：	340厘米	树　　高：	20.0米
东西冠幅：	10.0米	南北冠幅：	19.0米
平均冠幅：	14.5米	立地坡向：	无坡向
生长环境：	中等	生 长 势：	正常

刺槐

所 在 地：宁夏回族自治区银川市西夏区贺兰山西路宁夏大学

经　　度：	106.12°	纬　　度：	38.05°
权　　属：	集体	分布特点：	散生
古树等级：	三级	树　　龄：	100年
胸　　围：	207厘米	树　　高：	27.0米
东西冠幅：	8.0米	南北冠幅：	10.0米
平均冠幅：	9.0米	立地坡向：	无坡向
生长环境：	良好	生 长 势：	正常

❷ 枣（古树群） *Zizyphus jujuba* Mill.

鼠李科　枣属

所 在 地：	宁夏回族自治区银川市灵武市崇兴镇崇兴社区		
经　　度：	106.31°	纬　　度：	38.05°
权　　属：	集体	分布特点：	群生
古树等级：	三级	树　　龄：	100~112年
树　　高：	16.0米	立地坡向：	无坡向
生长环境：	中等	生 长 势：	正常

枣：落叶乔木，叶卵圆形至卵状披针形，核果卵形或矩圆形，深红色。果实甜，可食用，亦可入药，能补脾胃、润心肺、益气养生。宁夏中北部普遍栽种，尤以灵武、中宁、沙坡头等县（区）栽种最多。

③ 核　桃（古树3株）*Juglans regia* L.

胡桃科　胡桃属

核桃

所在地：	宁夏回族自治区银川市灵武市东塔镇东塔村委会		
经　度：	106.33°	纬　度：	38.09°
权　属：	集体	分布特点：	散生
古树等级：	三级	树　龄：	109年
胸　围：	289厘米	树　高：	16.0米
东西冠幅：	14.0米	南北冠幅：	15.0米
平均冠幅：	14.5米	立地坡向：	无坡向
生长环境：	中等	生长势：	正常

核桃：落叶乔木，树皮淡灰色，幼时平滑，老时纵裂，奇数羽状复叶；核果球形，径3.2~5.4厘米，内果皮表面具有不规则的皱纹及2条纵脊。花期4—5月，果期9—10月。宁夏全区普遍栽培，为优良木本油料树种。

核桃

所在地：宁夏回族自治区银川市灵武市崇兴镇崇兴社区

经度：	106.31°	纬度：	38.05°
权属：	集体	分布特点：	散生
古树等级：	三级	树龄：	130年
胸围：	195厘米	树高：	8.5米
东西冠幅：	7.0米	南北冠幅：	8.0米
平均冠幅：	7.5米	立地坡向：	无坡向
生长环境：	中等	生长势：	正常

核桃

所在地：	宁夏回族自治区银川市灵武市崇兴镇崇兴社区		
经度：	106.31°	纬度：	38.05°
权属：	集体	分布特点：	散生
古树等级：	三级	树龄：	100年
胸围：	160厘米	树高：	10.0米
东西冠幅：	7.0米	南北冠幅：	8.0米
平均冠幅：	7.5米	立地坡向：	无坡向
生长环境：	中等	生长势：	正常

④ 圆　柏（古树2株）*Sabina chinensis* L.

柏科　圆柏属

圆柏

所 在 地：宁夏回族自治区银川市兴庆区丽景街道北塔公园

经　　度：	106.25°	纬　　度：	38.47°
权　　属：	国有	分布特点：	散生
古树等级：	三级	树　　龄：	106年
胸　　围：	77厘米	树　　高：	10.0米
东西冠幅：	5.0米	南北冠幅：	5.0米
平均冠幅：	5.0米	立地坡向：	无坡向
生长环境：	良好	生 长 势：	正常

圆柏：常绿乔木，树冠塔形。树皮深灰褐色，纵向条裂。叶具刺叶和鳞叶，老龄树全为鳞叶。雌雄异株，稀同株，雄球花椭圆形，球果近圆球形，种子扁呈卵圆形。木材坚韧致密，有香气，耐腐力强，可供建筑、家具、文具及工艺品用材。宁夏全区均有栽培，作庭园绿化树种。

圆柏

所在地：宁夏回族自治区银川市兴庆区解放西街中山公园

经度：	106.25°	纬度：	38.47°
权属：	国有	分布特点：	散生
古树等级：	三级	树龄：	101年
胸围：	54厘米	树高：	9.5米
东西冠幅：	5.0米	南北冠幅：	5.0米
平均冠幅：	5.0米	立地坡向：	无坡向
生长环境：	良好	生长势：	正常

⑤ 桑（古树2株）*Morus alba* L.

桑科　桑属

桑

所 在 地：	宁夏回族自治区银川市兴庆区解放西街中山公园		
经　　度：	106.25°	纬　　度：	38.47°
权　　属：	国有	分布特点：	散生
古树等级：	三级	树　　龄：	180年
胸　　围：	234厘米	树　　高：	17.0米
东西冠幅：	17.0米	南北冠幅：	16.0米
平均冠幅：	16.5米	立地坡向：	无坡向
生长环境：	良好	生 长 势：	正常

桑：落叶乔木，树皮浅灰褐色，叶卵形或长卵形。花期5月，果期6—7月。树皮为造纸原料，根皮、叶、果实、枝条均可入药。宁夏全区普遍栽培。

桑

所在地：	宁夏回族自治区银川市灵武市崇兴镇崇兴社区		
经度：	106.31°	纬度：	38.05°
权属：	集体	分布特点：	散生
古树等级：	三级	树龄：	140年
胸围：	210厘米	树高：	7.0米
东西冠幅：	12.0米	南北冠幅：	14.0米
平均冠幅：	13.0米	立地坡向：	无坡向
生长环境：	中等	生长势：	正常

⑥ 臭　椿（古树1株）*Alianthus altissima* Mill.

苦木科　臭椿属

所 在 地：宁夏回族自治区银川市兴庆区新华街展览馆小区

经　　度：	106.27°	纬　　度：	38.46°
权　　属：	集体	分布特点：	散生
古树等级：	三级	树　　龄：	106年
胸　　围：	194厘米	树　　高：	13.0米
东西冠幅：	13.0米	南北冠幅：	9.0米
平均冠幅：	11.0米	立地坡向：	无坡向
生长环境：	良好	生 长 势：	正常

臭椿：落叶乔木，树皮灰色，光滑或具有裂纹；小枝赤褐色。奇数羽状复叶，圆锥花序，花杂性，翅果淡黄褐色，呈长圆状椭圆形，种子扁平，花期6月，果期9—10月。生长快，抗干旱及盐碱，抗烟尘，是工矿区的优良绿化树种，亦可作为黄土高原地区的水土保持树种。宁夏全区普遍栽培。

⑦ 毛白杨（古树1株）*Populus tomentosa* Carr.

杨柳科　杨属

所 在 地：	宁夏回族自治区银川市兴庆区前进街西塔公园		
经　　度：	106.26°	纬　　度：	38.46°
权　　属：	国有	分布特点：	散生
古树等级：	二级	树　　龄：	305年
胸　　围：	540厘米	树　　高：	37.5米
东西冠幅：	18.0米	南北冠幅：	16.0米
平均冠幅：	17.0米	立地坡向：	无坡向
生长环境：	良好	生 长 势：	正常

毛白杨：落叶乔木，树皮灰白色，光滑，短枝上叶呈三角状卵形或卵圆形，长枝上的叶三角状卵形；蒴果长卵形，2瓣裂。花期3月，果期4—5月。木材纹理直，结构细，可供家具、建筑等用材，亦可作行道树和农田防护林的重要树种。宁夏全区普遍栽培。

承天寺位于银川市兴庆区西塔公园内，以园内矗立的承天寺塔闻名，是宁夏著名的历史古迹之一，是银川市民家喻户晓的“西塔”。相传大夏国（后称西夏）开国皇帝李元昊死后，皇太后没藏氏为了保“幼登宸极”的小皇帝李谅祚“圣寿以无疆，俾宗祧而延永”，颁懿旨修建了承天寺和承天寺塔，承天寺历时五年建成，并将西域僧人进献的佛骨，以金棺银椁贮埋于塔基下。承天寺建成后又在院内植树，松柏常青，肃穆宁静。承天寺在元、明两朝时，曾遭受战祸破坏，在明朝初期仅“塔独存”。明太祖朱元璋的十六子庆靖王朱栴重修寺院，加建了殿宇，后来寺院管理者又在寺内植刺槐等树，古树得以保存至今。

⑧ 旱　柳（古树1株） *Salix matsudana* Koidz.

杨柳科　柳属

所 在 地：宁夏回族自治区银川市金凤区丰登镇凤北家园

经　　度：	106.28°	纬　　度：	38.53°
权　　属：	个人	分布特点：	散生
古树等级：	三级	树　　龄：	140年
胸　　围：	364厘米	树　　高：	15.0米
东西冠幅：	15.0米	南北冠幅：	20.0米
平均冠幅：	17.5米	立地坡向：	无坡向
生长环境：	良好	生 长 势：	正常

旱柳：落叶乔木，枝细长，直立或开展，幼树外皮呈黄绿色，后变为棕褐色，叶披针形；花分雌雄花序，蒴果2瓣裂。花期3—4月，果期4—5月。宁夏全区普遍栽培，多做防护林，行道树及护岸林。木材可供建筑、器具等用。

⑨ 国　槐（古树 1 株）*Sophora japonica* L.

豆科　槐属

所 在 地：宁夏回族自治区银川市西夏区贺兰山西路苏峪口

经　　度：	105.94°	纬　　度：	38.60°
权　　属：	集体	分布特点：	散生
古树等级：	三级	树　　龄：	237年
胸　　围：	449厘米	树　　高：	18.0米
东西冠幅：	17.0米	南北冠幅：	15.0米
平均冠幅：	16.0米	立地坡向：	无坡向
生长环境：	中等	生 长 势：	正常

国槐：落叶乔木，树冠圆形，树皮灰暗色，粗糙纵裂，小枝暗绿色，疏被柔毛，奇数羽状复叶；花萼钟形，花冠乳白色，荚果串珠状，长3~5厘米，肉质，不开裂。花期6—8月，果期7—9月。宁夏全区普遍栽培，可为行道树和美化庭院树种，木材质稍硬而富有弹性，供建筑、枕木、家具、雕刻用。

滚钟口景区老君堂门前最“年长”的国槐，1780年栽植（据银川市园林局工作人员考证），是银川市目前有记载的树龄唯一超过200年的一株国槐树。每年5月左右发芽萌动（其所在地海拔大约1500米，气温相对较低，发芽展叶要比其他新树要晚）。为了保护好这株古树，滚钟口管理所绿化养护人员每年都要对古树进行修枝，保证新芽能顺利萌发。为了让古树青春常驻，工作人员每隔半月就要浇一次水，每逢冬春季还要在树干上刷防虫害的防护漆，促其健康生长。

⑩ 山　茶（古树1株）*Camellia sinensis* L.

山茶科　山茶属

所 在 地：宁夏回族自治区银川市灵武市崇兴镇崇兴社区

经　度：	106.31°	纬　度：	38.05°
权　属：	集体	分布特点：	散生
古树等级：	三级	树　龄：	100年
胸　围：	110厘米	树　高：	5.0米
东西冠幅：	6.0米	南北冠幅：	5.0米
平均冠幅：	5.5米	立地坡向：	无坡向
生长环境：	中等	生 长 势：	正常

山茶：灌木，以观花为主，假总状花序。茶花为两性花，同一朵花内既有雌蕊，又有雄蕊。茶花一般为白色，少数呈淡黄或粉红色。在宁夏属引进树种。

⑪ 枣（名木1株）*Zizyphus jujuba* Mill.

2008年4月7日，时任中华人民共和国副主席、中共中央政治局常委、中央书记处书记习近平同志在白芨滩自然保护区亲手种植的枣树。

⑫ 圆　柏（名木2株）*Sabina chinensis* L.

1983年10月23日，时任全国人大委员长乔石同志在银川市中山公园亲手种植的圆柏。

1963年10月20日，时任中央人民政府副主席董必武同志在银川市海宝公园亲手种植的圆柏。

★名木指在历史上或社会上有重大影响的中外历代名人、领袖人物所植或者具有极其重要的历史、文化价值、纪念意义的树木。

2008年4月7日，对于白芨滩人来说，是一个难以忘怀的日子。这天下午，时任中华人民共和国副主席、中共中央政局常委、中央书记处书记的习近平同志到白芨滩视察防沙治沙工作。他和治沙英雄王有德等一起栽下了一株灵武长枣，并为这株枣树培土浇水。2016年7月20日，习近平总书记再次到宁夏视察，他对2008年在宁夏白芨滩植树的事仍记忆犹新，并对以白芨滩林场为代表的宁夏防沙治沙成效给予了充分肯定。十多年来，伴随着这株枣树的成长，白芨滩人时刻牢记习近平总书记的亲切关怀和嘱托，确定了“让绿色在习近平总书记植树的地方延伸”的心愿，扑下身子抓造林，让沙漠从这里消退了20多公里，实现了人进沙退，树进沙绿的治沙奇迹。

⑬油　松（名木1株）*Pinus tabulaeformis*

松科　松属

所 在 地：宁夏回族自治区银川市兴庆区玉皇阁街宁园

经　度：	106.28°	纬　度：	38.46°
权　属：	集体	树　龄：	32年
胸　围：	12厘米	树　高：	4.0米
东西冠幅：	4.0米	南北冠幅：	3.0米
平均冠幅：	3.5米	立地坡向：	无坡向
生长环境：	中等	生 长 势：	正常

油松：松科常绿乔木，深根性，喜光、抗瘠薄、抗风，在土层深厚、排水良好的酸性、中性或钙质黄土上均能生长。1990年7月为纪念和苏联吉尔吉斯斯坦伏龙芝市援助银川市城市建设，银川市和伏龙芝市领导共同栽种了象征两市人民深厚情谊的这株友谊树，以示纪念。

二 石嘴山市

石嘴山市古树名木基本情况

石嘴山市位于宁夏最北部，东北西与内蒙古毗邻，南接银川市，下辖大武口、惠农和平罗共二区一县，辖区面积0.41万平方公里，因贺兰山与黄河交汇处“山石突出如嘴”而得名。石嘴山市是国家“一五”布局的十大煤炭工业基地和“三线”建设重要城市，是宁夏工业的“摇篮”。现已从典型的煤炭工业城市转型为独具特色的山水园林城市，被列为全国首批12个老工业城市和资源型城市产业转型升级示范市等。境内有贺兰山国家级自然保护区、沙湖自然保护区等。

石嘴山东屏滔滔黄河水，西依巍巍贺兰山，山川兼备，地貌类型多样。得黄河水自流灌溉之便利，沿农田及沟渠路建设的防护林网体系完善，城市森林发达。2021年全市森林面积48.2万亩，森林覆盖率7.88%，是宁夏首个国家“森林城市”，国槐确定为石嘴山市树。

石嘴山保留至今的古树以人工栽种的阔叶树为主，树种为桑、核桃等，全市均有分布。本书收录石嘴山市古树25株，其中二级古树1株，三级古树24株。全市树龄最大的古树302年，最高古树27.0米，最粗的古树胸围475厘米。

❶ 桑（古树11株）*Morus alba* L.

桑科　桑属

桑

所 在 地：宁夏回族自治区石嘴山市大武口区长兴街道西线立交桥

经　　度：	106.40°	纬　　度：	39.06°
权　　属：	集体	分布特点：	散生
古树等级：	三级	树　　龄：	123年
胸　　围：	139厘米	树　　高：	8.5米
东西冠幅：	9.0米	南北冠幅：	10.0米
平均冠幅：	9.5米	立地坡向：	无坡向
生长环境：	中等	生 长 势：	正常

桑

所在地：	宁夏回族自治区石嘴山市大武口区长兴街道西线立交桥		
经　度：	106.40°	纬　度：	39.06°
权　属：	集体	分布特点：	散生
古树等级：	三级	树　龄：	123年
胸　围：	228厘米	树　高：	10.0米
东西冠幅：	10.0米	南北冠幅：	9.0米
平均冠幅：	9.5米	立地坡向：	无坡向
生长环境：	良好	生长势：	正常

桑

所在地：	宁夏回族自治区石嘴山市惠农区贺兰山牧场罗家园		
经　度：	106.54°	纬　度：	39.14°
权　属：	集体	分布特点：	散生
古树等级：	三级	树　龄：	130年
胸　围：	189厘米	树　高：	16.0米
东西冠幅：	20.0米	南北冠幅：	18.0米
平均冠幅：	19.0米	立地坡向：	无坡向
生长环境：	中等	生长势：	正常

桑

所在地：宁夏回族自治区石嘴山市平罗县城关镇世纪家园

经度：	106.54°	纬度：	38.91°
权属：	集体	分布特点：	散生
古树等级：	三级	树龄：	102年
胸围：	188厘米	树高：	10.0米
东西冠幅：	9.0米	南北冠幅：	8.0米
平均冠幅：	8.5米	立地坡向：	无坡向
生长环境：	良好	生长势：	正常

桑

所 在 地：宁夏回族自治区石嘴山市平罗县城关镇世纪家园

经　　度：	106.54°	纬　　度：	38.91°
权　　属：	集体	分布特点：	散生
古树等级：	三级	树　　龄：	102年
胸　　围：	200厘米	树　　高：	10.0米
东西冠幅：	10.0米	南北冠幅：	10.0米
平均冠幅：	10.0米	立地坡向：	无坡向
生长环境：	良好	生 长 势：	正常

桑

所在地：	宁夏回族自治区石嘴山市平罗县黄渠桥镇二队		
经度：	106.65°	纬度：	38.98°
权属：	集体	分布特点：	散生
古树等级：	三级	树龄：	155年
胸围：	290厘米	树高：	16.0米
东西冠幅：	16.0米	南北冠幅：	15.0米
平均冠幅：	15.5米	立地坡向：	无坡向
生长环境：	良好	生长势：	正常

桑

所 在 地：宁夏回族自治区石嘴山市平罗县黄渠桥镇二队

经　　度：	106.65°	纬　　度：	38.98°
权　　属：	集体	分布特点：	散生
古树等级：	三级	树　　龄：	160年
胸　　围：	252厘米	树　　高：	16.0米
东西冠幅：	20.0米	南北冠幅：	18.0米
平均冠幅：	19.0米	立地坡向：	无坡向
生长环境：	良好	生 长 势：	正常

桑

所 在 地：

经　　度：

权　　属：

古树等级：

胸　　围：1

东西冠幅：1

平均冠幅：1

生长环境：

桑

所 在 地：宁夏回族自治区石嘴山市平罗县黄渠桥镇二队

经　　度：106.65°	纬　　度：38.98°
权　　属：集体	分布特点：散生
古树等级：三级	树　　龄：152年
胸　　围：214厘米	树　　高：16.0米
东西冠幅：20.0米	南北冠幅：16.0米
平均冠幅：18.0米	立地坡向：无坡向
生长环境：良好	生 长 势：正常

桑

所 在 地：宁夏回族自治区石嘴山市平罗县黄渠桥镇二队

经　　度：	106.65°	纬　　度：	38.98°
权　　属：	集体	分布特点：	散生
古树等级：	三级	树　　龄：	152年
胸　　围：	190厘米	树　　高：	15.0米
东西冠幅：	15.0米	南北冠幅：	14.0米
平均冠幅：	14.5米	立地坡向：	无坡向
生长环境：	良好	生 长 势：	正常

❷ 核　桃（古树5株）*Juglans regia* L.

胡桃科　胡桃属

核桃

所 在 地：宁夏回族自治区石嘴山市惠农区贺兰山牧场罗家园

经　　度：	106.54°	纬　　度：	39.14°
权　　属：	集体	分布特点：	散生
古树等级：	三级	树　　龄：	130年
胸　　围：	141厘米	树　　高：	8.5米
东西冠幅：	16.0米	南北冠幅：	18.0米
平均冠幅：	17.0米	立地坡向：	无坡向
生长环境：	中等	生 长 势：	正常

核桃

所 在 地：	宁夏回族自治区石嘴山市惠农区贺兰山牧场罗家园		
经　　度：	106.54°	纬　　度：	39.14°
权　　属：	集体	分布特点：	散生
古树等级：	三级	树　　龄：	110年
胸　　围：	129厘米	树　　高：	23.0米
东西冠幅：	20.0米	南北冠幅：	20.0米
平均冠幅：	20.0米	立地坡向：	无坡向
生长环境：	中等	生 长 势：	正常

核桃

所 在 地：	宁夏回族自治区石嘴山市惠农区贺兰山牧场罗家园		
经　　度：	106.54°	纬　　度：	39.14°
权　　属：	集体	分布特点：	散生
古树等级：	三级	树　　龄：	115年
胸　　围：	189厘米	树　　高：	25.0米
东西冠幅：	16.0米	南北冠幅：	20.0米
平均冠幅：	18.0米	立地坡向：	无坡向
生长环境：	中等	生 长 势：	正常

核桃

所在地：宁夏回族自治区石嘴山市惠农区贺兰山牧场罗家园

经度：	106.54°	纬度：	39.14°
权属：	集体	分布特点：	散生
古树等级：	三级	树龄：	102年
胸围：	120厘米	树高：	17.0米
东西冠幅：	20.0米	南北冠幅：	18.0米
平均冠幅：	19.0米	立地坡向：	无坡向
生长环境：	中等	生长势：	正常

核桃

所 在 地：宁夏回族自治区石嘴山市惠农区贺兰山牧场罗家园

经　　度：	106.54°	纬　　度：	39.14°
权　　属：	集体	分布特点：	散生
古树等级：	三级	树　　龄：	110年
胸　　围：	197厘米	树　　高：	22.0米
东西冠幅：	20.0米	南北冠幅：	18.0米
平均冠幅：	19.0米	立地坡向：	无坡向
生长环境：	中等	生 长 势：	正常

❸ 小叶杨（古树2株）*Populus simon* Carr.

杨柳科　杨属

小叶杨

所 在 地：宁夏回族自治区石嘴山市大武口区长兴街道一队

经　　度：	106.41°	纬　　度：	39.03°
权　　属：	集体	分布特点：	散生
古树等级：	二级	树　　龄：	302年
胸　　围：	475厘米	树　　高：	22.0米
东西冠幅：	17.0米	南北冠幅：	14.0米
平均冠幅：	15.5米	立地坡向：	无坡向
生长环境：	中等	生 长 势：	正常

小叶杨：落叶乔木，树皮灰褐色，老树变粗糙。叶菱状倒卵形或菱状椭圆形，蒴果狭圆卵形。花期3—5月，果期4—6月。多生于河岸、沟渠边，多栽培于村庄周边。木材质软，纹理直，易加工，可作建筑材料和造纸、人造纤维原料；树皮含鞣质，可提取栲胶。宁夏全区普遍栽培，以引黄灌区居多。

小叶杨

所在地：宁夏回族自治区石嘴山市大武口区王泉沟贺兰山农牧场

经　度：	106.34°	纬　度：	39.05°
权　属：	集体	分布特点：	散生
古树等级：	三级	树　龄：	100
胸　围：	150厘米	树　高：	9.0米
东西冠幅：	14.0米	南北冠幅：	15.0米
平均冠幅：	14.5米	立地坡向：	无坡向
生长环境：	中等	生长势：	正常

④ 毛白杨（古树 2 株）*Populus tomentosa* Carr.

杨柳科　杨属

毛白杨

所 在 地：宁夏回族自治区石嘴山市大武口区青山街道北武当庙

经　　度：	106.34°	纬　　度：	39.05°
权　　属：	集体	分布特点：	散生
古树等级：	三级	树　　龄：	200年
胸　　围：	248厘米	树　　高：	24.0米
东西冠幅：	22.0米	南北冠幅：	20.0米
平均冠幅：	21.0米	立地坡向：	东
生长环境：	良好	生 长 势：	正常

毛白杨

所 在 地：宁夏回族自治区石嘴山市大武口区青山街道北武当庙

经　　度：	106.34°	纬　　度：	39.05°
权　　属：	集体	分布特点：	散生
古树等级：	三级	树　　龄：	200年
胸　　围：	420厘米	树　　高：	27.0米
东西冠幅：	22.0米	南北冠幅：	20.0米
平均冠幅：	21.0米	立地坡向：	无坡向
生长环境：	良好	生 长 势：	正常

⑤ 国　槐（古树2株）*Sophora japonica* L.

豆科　刺槐属

国槐

所 在 地：宁夏回族自治区石嘴山市大武口区煤机三厂潮湖村

经　　度：	106.34°	纬　　度：	39.05°
权　　属：	集体	分布特点：	散生
古树等级：	三级	树　　龄：	100年
胸　　围：	160厘米	树　　高：	11.0米
东西冠幅：	13.0米	南北冠幅：	14.0米
平均冠幅：	13.5米	立地坡向：	无坡向
生长环境：	中等	生 长 势：	正常

国槐

所 在 地：	宁夏回族自治区石嘴山市平罗县黄渠桥镇三队		
经　　度：	106.65°	纬　　度：	38.98°
权　　属：	集体	分布特点：	散生
古树等级：	三级	树　　龄：	116年
胸　　围：	264厘米	树　　高：	26.0米
东西冠幅：	28.0米	南北冠幅：	22.0米
平均冠幅：	25.0米	立地坡向：	无坡向
生长环境：	良好	生 长 势：	正常

❻ 沙　果（古树1株）*Malus asiatica* L.

蔷薇科　苹果属

所 在 地：	宁夏回族自治区石嘴山市大武口区潮湖街道潮湖村		
经　　度：	106.40°	纬　　度：	39.06°
权　　属：	集体	分布特点：	散生
古树等级：	三级	树　　龄：	100年
胸　　围：	150厘米	树　　高：	8.0米
东西冠幅：	10.0米	南北冠幅：	9.0米
平均冠幅：	9.5米	立地坡向：	无坡向
生长环境：	良好	生 长 势：	正常

沙果：小乔木，嫩枝密被柔毛，老枝暗紫褐色无毛，有稀疏浅色皮孔。叶片卵形和椭圆形，花期4—5月，花为淡粉色，伞房花序。果期8—9月，果实卵形或近球形，多为黄色或红色。宁夏大武口区引进树种。

⑦ 杏（古树1株）*Armeniaca vulgaris* Lam.

蔷薇科　杏属

所在地：	宁夏回族自治区石嘴山市惠农区贺兰山牧场罗家园		
经　度：	106.54°	纬　度：	39.14°
权　属：	集体	分布特点：	散生
古树等级：	三级	树　龄：	102年
胸　围：	211厘米	树　高：	10.0米
东西冠幅：	12.0米	南北冠幅：	15.0米
平均冠幅：	13.5米	立地坡向：	无坡向
生长环境：	中等	生长势：	正常

杏：落叶乔木，小枝红褐色，叶宽卵形至近圆形；花梗短花萼钟形，淡粉红色，果实近球形，橘黄色，带红晕。花期4月，果实6月。木材坚硬，可作为家具原料。宁夏均有分布。

8 枣（古树1株）*Zizyphus jujuba* Mill.

鼠李科　枣属

所 在 地：宁夏回族自治区石嘴山市平罗县崇岗镇弥陀寺

经　　度：	106.23°	纬　　度：	38.9°
权　　属：	集体	分布特点：	散生
古树等级：	三级	树　　龄：	112年
胸　　围：	112厘米	树　　高：	7.0米
东西冠幅：	9.0米	南北冠幅：	9.0米
平均冠幅：	9.0米	立地坡向：	东
生长环境：	中等	生 长 势：	正常

三

吴忠市

吴忠市古树名木基本情况

吴忠市地处宁夏中部，是宁夏引黄灌区的菁华之地，下辖利通、红寺堡、青铜峡、盐池、同心共二区二县一市，辖区面积1.67万平方公里。吴忠市是全国双拥模范城、全国民族团结进步创建活动示范市等。吴忠市有2232年的建城史，是古丝绸之路的重要通道，被誉为“水旱码头 天下大集”。境内有罗山国家级自然保护区、哈巴湖国家级自然保护区、黄河湿地公园、黄河大峡谷等。

黄河穿吴忠而过，得黄河水自流灌溉之便利，沿农田及沟渠路建设的防护林网体系完善，城市森林亘古发达。全市森林面积465.2万亩，森林覆盖率18.51%。

吴忠市保留至今的古树以人工栽种的经济类树木为主，树种为枣、榆、梨、苹果等，主要分布在利通区、青铜峡市和同心县。本书收录吴忠市古树38株，其中二级古树3株，三级古树35株。全市树龄最大的古树318年，最高的古树22米，最粗的古树胸围524厘米。

❶ 枣（古树9株）*Zizyphus jujuba* Mill.

鼠李科　枣属

枣

所在地：	宁夏回族自治区吴忠市利通区板桥乡枣园村		
经度：	106.11°	纬度：	37.96°
权属：	国有	分布特点：	群状
古树等级：	三级	树龄：	139年
胸围：	103厘米	树高：	13.0米
东西冠幅：	6.0米	南北冠幅：	7.0米
平均冠幅：	6.5米	立地坡向：	无坡向
生长环境：	良好	生长势：	正常

枣

所 在 地：宁夏回族自治区吴忠市利通区板桥乡枣园村

经 度：	106.11°	纬 度：	37.96°
权 属：	国有	分布特点：	群状
古树等级：	三级	树 龄：	139年
胸 围：	135厘米	树 高：	16.0米
东西冠幅：	8.0米	南北冠幅：	8.0米
平均冠幅：	8.0米	立地坡向：	无坡向
生长环境：	良好	生 长 势：	正常

枣

所在地：宁夏回族自治区吴忠市利通区板桥乡枣园村

经度：106.11°	纬度：37.96°
权属：国有	分布特点：群状
古树等级：三级	树龄：139年
胸围：138厘米	树高：16.0米
东西冠幅：6.0米	南北冠幅：6.0米
平均冠幅：6.0米	立地坡向：无坡向
生长环境：良好	生长势：正常

枣

所在地：	宁夏回族自治区吴忠市红寺堡区西滩乡红川村		
经度：	106.06°	纬度：	37.42°
权属：	集体	分布特点：	散生
古树等级：	三级	树龄：	100年
胸围：	90厘米	树高：	9.0米
东西冠幅：	6.0米	南北冠幅：	7.0米
平均冠幅：	6.5米	立地坡向：	无坡向
生长环境：	中等	生长势：	正常

枣

所在地：	宁夏回族自治区吴忠市同心县王团镇黄草岭		
经度：	106.05°	纬度：	36.88°
权属：	集体	分布特点：	群状
古树等级：	三级	树龄：	216年
胸围：	160厘米	树高：	10.0米
东西冠幅：	5.0米	南北冠幅：	5.0米
平均冠幅：	5.0米	立地坡向：	无坡向
生长环境：	中等	生长势：	正常

枣

所 在 地：宁夏回族自治区吴忠市同心县下马关上垣村

经　　度：	106.41°	纬　　度：	37.22°
权　　属：	个人	分布特点：	散生
古树等级：	三级	树　　龄：	110年
胸　　围：	130厘米	树　　高：	11.0米
东西冠幅：	8.0米	南北冠幅：	5.0米
平均冠幅：	6.5米	立地坡向：	无坡向
生长环境：	中等	生 长 势：	正常

枣

所 在 地：宁夏回族自治区吴忠市同心县下马关上垣村

经　　度：	106.41°	纬　　度：	37.22°
权　　属：	个人	分布特点：	散生
古树等级：	三级	树　　龄：	110年
胸　　围：	215厘米	树　　高：	11.0米
东西冠幅：	14.0米	南北冠幅：	16.0米
平均冠幅：	15.0米	立地坡向：	无坡向
生长环境：	中等	生 长 势：	正常

枣

所在地：宁夏回族自治区吴忠市同心县王团镇黄草岭

经度：	106.05°	纬度：	36.88°
权属：	集体	分布特点：	群状
古树等级：	三级	树龄：	196年
胸围：	135厘米	树高：	10.0米
东西冠幅：	6.0米	南北冠幅：	5.0米
平均冠幅：	5.5米	立地坡向：	无坡向
生长环境：	中等	生长势：	正常

枣

所 在 地：	宁夏回族自治区吴忠市同心县王团镇黄草岭		
经　　度：	106.05°	纬　　度：	36.88°
权　　属：	集体	分布特点：	群状
古树等级：	二级	树　　龄：	318年
胸　　围：	216厘米	树　　高：	11.0米
东西冠幅：	6.0米	南北冠幅：	4.0米
平均冠幅：	5.0米	立地坡向：	无坡向
生长环境：	中等	生 长 势：	正常

❷ 榆（古树10株）*Ulums* L.

榆科　榆属

榆

所 在 地：	宁夏回族自治区吴忠市同心县王团镇黄草岭		
经　　度：	106.05°	纬　　度：	36.88°
权　　属：	国有	分布特点：	散生
古树等级：	三级	树　　龄：	100年
胸　　围：	280厘米	树　　高：	10.0米
东西冠幅：	15.0米	南北冠幅：	15.0米
平均冠幅：	15.0米	立地坡向：	无坡向
生长环境：	良好	生 长 势：	正常

榆：落叶乔木，树皮深灰褐色纵裂。叶倒卵形、椭圆形至椭圆状披针形；花簇生于前一年当年生枝的叶腋，翅果近圆形或倒卵形，种子位于翅果中央。花期4月，果期5月。宁夏普遍栽培，木材坚硬，可作家具、农具用材。

榆

所在地：宁夏回族自治区吴忠市同心县田老庄白家岭

经度：	106.41°	纬度：	37.22°
权属：	个人	分布特点：	散生
古树等级：	三级	树龄：	110年
胸围：	163厘米	树高：	11.0米
东西冠幅：	8.0米	南北冠幅：	5.0米
平均冠幅：	6.5米	立地坡向：	无坡向
生长环境：	良好	生长势：	正常

榆

所在地：宁夏回族自治区吴忠市同心县田老庄白家岭

经度：	106.27°	纬度：	37.05°
权属：	个人	分布特点：	散生
古树等级：	三级	树龄：	112年
胸围：	151厘米	树高：	10.5米
东西冠幅：	9.0米	南北冠幅：	8.0米
平均冠幅：	8.5米	立地坡向：	无坡向
生长环境：	良好	生长势：	正常

榆

所 在 地：	宁夏回族自治区吴忠市盐池县惠安堡镇新庄子		
经 度：	106.78°	纬 度：	37.37°
权 属：	集体	分布特点：	散生
古树等级：	三级	树 龄：	120年
胸 围：	298厘米	树 高：	13.0米
东西冠幅：	15.0米	南北冠幅：	19.0米
平均冠幅：	17.0米	立地坡向：	无坡向
生长环境：	中等	生 长 势：	正常

榆

所 在 地：	宁夏回族自治区吴忠市盐池县惠安堡镇施天池		
经　　度：	106.98°	纬　　度：	37.43°
权　　属：	集体	分布特点：	散生
古树等级：	二级	树　　龄：	300年
胸　　围：	185厘米	树　　高：	7.0米
东西冠幅：	5.0米	南北冠幅：	3.0米
平均冠幅：	4.0米	立地坡向：	无坡向
生长环境：	中等	生 长 势：	正常

榆

所在地：	宁夏回族自治区吴忠市盐池县惠安堡镇施天池		
经度：	106.98°	纬度：	37.43°
权属：	集体	分布特点：	散生
古树等级：	二级	树龄：	300年
胸围：	180厘米	树高：	8.0米
东西冠幅：	12.0米	南北冠幅：	10.0米
平均冠幅：	11.0米	立地坡向：	无坡向
生长环境：	中等	生长势：	正常

榆

所在地：	宁夏回族自治区吴忠市盐池县惠安堡镇施天池		
经度：	106.88°	纬度：	37.12°
权属：	个人	分布特点：	散生
古树等级：	三级	树龄：	200年
胸围：	374厘米	树高：	16.0米
东西冠幅：	23.0米	南北冠幅：	22.0米
平均冠幅：	22.5米	立地坡向：	无坡向
生长环境：	中等	生长势：	正常

榆

所 在 地：	宁夏回族自治区吴忠市盐池县惠安堡镇施天池		
经　　度：	106.88°	纬　　度：	37.12°
权　　属：	集体	分布特点：	散生
古树等级：	三级	树　　龄：	100年
胸　　围：	280厘米	树　　高：	10.0米
东西冠幅：	19.0米	南北冠幅：	19.0米
平均冠幅：	19.0米	立地坡向：	无坡向
生长环境：	中等	生 长 势：	正常

榆

所在地：宁夏回族自治区吴忠市盐池县大水坑镇大红路南侧寺庙

经　度：	106.88°	纬　度：	37.12°
权　属：	集体	分布特点：	散生
古树等级：	三级	树　龄：	100年
胸　围：	330厘米	树　高：	15.0米
东西冠幅：	19.0米	南北冠幅：	21.0米
平均冠幅：	20.0米	立地坡向：	无坡向
生长环境：	中等	生长势：	正常

榆

所 在 地：宁夏回族自治区吴忠市盐池县大水坑镇大红路南侧寺庙

经　　度：	107.14°	纬　　度：	37.78°
权　　属：	集体	分布特点：	散生
古树等级：	三级	树　　龄：	200年
胸　　围：	200厘米	树　　高：	9.0米
东西冠幅：	9.0米	南北冠幅：	10.0米
平均冠幅：	9.5米	立地坡向：	无坡向
生长环境：	中等	生 长 势：	正常

③ 多枝柽柳（古树3株）*Tamarix ramosissima* Ledeb.

柽柳科　柽柳属

多枝柽柳

所 在 地：宁夏回族自治区吴忠市同心县干庄子村

经　　度：105.88°　　纬　　度：36.95°

权　　属：个人　　分布特点：散生

古树等级：三级　　树　　龄：120年

胸　　围：250厘米　　树　　高：10.0米

东西冠幅：13.0米　　南北冠幅：12.0米

平均冠幅：12.5米　　立地坡向：东

生长环境：良好　　生 长 势：正常

多枝柽柳：灌木，枝条紫红色或红棕色，叶披针形或三角状卵形，几抱茎，下延；总状花序生于当年生枝上，蒴果长圆锥形，种子顶端具簇生毛。花期5—8月，果期6—9月。主要分布在宁夏石嘴山、中卫等市，多生于低洼湿地及沼泽边缘。

多枝柽柳

所 在 地：宁夏回族自治区吴忠市同心县干庄子村

经　　度：	105.88°	纬　　度：	36.95°
权　　属：	个人	分布特点：	散生
古树等级：	三级	树　　龄：	120年
胸　　围：	140厘米	树　　高：	8.0米
东西冠幅：	9.0米	南北冠幅：	10.0米
平均冠幅：	9.5米	立地坡向：	无坡向
生长环境：	良好	生 长 势：	正常

多枝柽柳

所 在 地：宁夏回族自治区吴忠市同心县干庄子村

经　　度：	105.88°	纬　　度：	36.95°
权　　属：	个人	分布特点：	散生
古树等级：	三级	树　　龄：	120年
胸　　围：	140厘米	树　　高：	8.0米
东西冠幅：	9.0米	南北冠幅：	10.0米
平均冠幅：	9.5米	立地坡向：	无坡向
生长环境：	良好	生 长 势：	正常

④ 苹　果（古树2株）*Malus pumila* Mill.

蔷薇科　苹果属

苹果

所在地：	宁夏回族自治区吴忠市利通区板桥乡洼渠村		
经度：	106.11°	纬度：	37.96°
权属：	个人	分布特点：	散生
古树等级：	三级	树龄：	149年
胸围：	176厘米	树高：	10.0米
东西冠幅：	4.0米	南北冠幅：	6.0米
平均冠幅：	5.0米	立地坡向：	无坡向
生长环境：	中等	生长势：	正常

苹果：落叶乔木，幼枝紫褐色，叶片椭圆形、宽椭圆形或卵圆形；伞形花序，花瓣倒卵圆形或椭圆形，白色具红晕。花期5月，果期8—10月。宁夏全区普遍栽培，果实为我国北方地区主要水果，亦可入药，为强壮剂，可治贫血症。

苹果

所 在 地：宁夏回族自治区吴忠市利通区板桥乡洼渠村

经　　度：	106.11°	纬　　度：	37.96°
权　　属：	个人	分布特点：	散生
古树等级：	三级	树　　龄：	104年
胸　　围：	130厘米	树　　高：	13.0米
东西冠幅：	4.0米	南北冠幅：	6.0米
平均冠幅：	5.0米	立地坡向：	无坡向
生长环境：	中等	生 长 势：	正常

⑤ 旱　柳（古树3株）*Salix matsudana* Koidz.

杨柳科　柳属

旱柳

所 在 地：宁夏回族自治区吴忠市红寺堡区西滩乡红川村

经　　度：	106.06°	纬　　度：	37.42°
权　　属：	集体	分布特点：	散生
古树等级：	三级	树　　龄：	140年
胸　　围：	240厘米	树　　高：	18.0米
东西冠幅：	12.0米	南北冠幅：	11.0米
平均冠幅：	11.5米	立地坡向：	南
生长环境：	良好	生 长 势：	正常

旱柳

所 在 地：	宁夏回族自治区吴忠市青铜峡市大坝镇渠首管理站		
经　　度：	105.99°	纬　　度：	37.93°
权　　属：	集体	分布特点：	散生
古树等级：	三级	树　　龄：	112年
胸　　围：	524厘米	树　　高：	15.0米
东西冠幅：	13.0米	南北冠幅：	11.0米
平均冠幅：	12.0米	立地坡向：	无坡向
生长环境：	中等	生 长 势：	正常

旱柳

所 在 地：	宁夏回族自治区吴忠市青铜峡市大坝镇渠首管理站		
经　　度：	105.99°	纬　　度：	37.93°
权　　属：	集体	分布特点：	散生
古树等级：	三级	树　　龄：	121年
胸　　围：	340厘米	树　　高：	22.0米
东西冠幅：	22.0米	南北冠幅：	16.0米
平均冠幅：	19.0米	立地坡向：	无坡向
生长环境：	中等	生 长 势：	正常

⑥ 梨（古树2株）*Pyrus* L.

蔷薇科　梨属

梨

所 在 地：宁夏回族自治区吴忠市利通区板桥乡洼渠村

经　　度：	106.11°	纬　　度：	37.96°
权　　属：	集体	分布特点：	散生
古树等级：	三级	树　　龄：	109年
胸　　围：	138厘米	树　　高：	14.0米
东西冠幅：	11.0米	南北冠幅：	13.0米
平均冠幅：	12.0米	立地坡向：	无坡向
生长环境：	中等	生 长 势：	正常

梨：落叶乔木，小枝直立，叶片宽卵形或卵形；伞房花序，花瓣倒卵形。花期5月，果期9—10月。果实倒卵形或近球形，直径2~7厘米，黄色，具斑点，萼片宿存。宁夏全区均有分布。

梨

所 在 地：宁夏回族自治区吴忠市利通区金积镇西门村

经　　度：	106.12°	纬　　度：	37.92°
权　　属：	集体	分布特点：	散生
古树等级：	三级	树　　龄：	109年
胸　　围：	100厘米	树　　高：	9.0米
东西冠幅：	6.0米	南北冠幅：	7.0米
平均冠幅：	6.5米	立地坡向：	无坡向
生长环境：	中等	生 长 势：	正常

7 桑（古树2株）*Morus alba* L.

桑科　桑属

桑

所 在 地：宁夏回族自治区吴忠市利通区金积镇北门村

经　　度：	106.11°	纬　　度：	37.96°
权　　属：	集体	分布特点：	散生
古树等级：	三级	树　　龄：	178年
胸　　围：	354厘米	树　　高：	15.0米
东西冠幅：	25.0米	南北冠幅：	16.0米
平均冠幅：	20.5米	立地坡向：	无坡向
生长环境：	良好	生 长 势：	正常

桑

所在地：宁夏回族自治区吴忠市利通区古城镇古城村

经度：	106.12°	纬度：	37.92°
权属：	集体	分布特点：	散生
古树等级：	三级	树龄：	119年
胸围：	190厘米	树高：	14.0米
东西冠幅：	10.0米	南北冠幅：	11.0米
平均冠幅：	10.5米	立地坡向：	无坡向
生长环境：	中等	生长势：	正常

8 国　槐（古树2株）*Sophora japonica* L.

豆科　槐属

国槐

所 在 地：	宁夏回族自治区吴忠市利通区古城镇		
经　　度：	106.19°	纬　　度：	37.98°
权　　属：	集体	分布特点：	散生
古树等级：	三级	树　　龄：	121年
胸　　围：	300厘米	树　　高：	18.0米
东西冠幅：	15.0米	南北冠幅：	19.0米
平均冠幅：	17.0米	立地坡向：	东
生长环境：	良好	生 长 势：	正常

国槐

所 在 地：	宁夏回族自治区吴忠市青铜峡市裕民街道水务局门前		
经　　度：	106.07°	纬　　度：	38.01°
权　　属：	集体	分布特点：	散生
古树等级：	三级	树　　龄：	100年
胸　　围：	210厘米	树　　高：	15.0米
东西冠幅：	13.0米	南北冠幅：	12.0米
平均冠幅：	12.5米	立地坡向：	无坡向
生长环境：	中等	生 长 势：	正常

历史故事

青铜峡，以其得天独厚的地理优势，成为宁夏乃至西部重要的水利枢纽。黄河流经宁夏，自秦汉先后开掘的秦渠、汉渠、唐徕渠等九大干渠均从青铜峡境内引出，引黄灌溉条件得天独厚。因此，就有了“天下黄河富宁夏”这一说法。周围密布的枣树古树群就是历史上屯垦戍边的士兵留下的生活印迹。

❾ 杏（古树1株）*Armeniaca vulgaris* Lam.

蔷薇科　苹果属

所 在 地：宁夏回族自治区吴忠市利通区金积镇北门村

经　　度：	106.12°	纬　　度：	37.92°
权　　属：	集体	分布特点：	散生
古树等级：	三级	树　　龄：	109年
胸　　围：	130厘米	树　　高：	12.0米
东西冠幅：	10.0米	南北冠幅：	11.0米
平均冠幅：	10.5米	立地坡向：	无坡向
生长环境：	中等	生 长 势：	正常

⑩ 刺　槐（古树1株）*Robinia pseudoacacia* L.

豆科　刺槐属

所 在 地：	宁夏回族自治区吴忠市青铜峡市裕民街道水务局门前		
经　　度：	106.07°	纬　　度：	38.01°
权　　属：	集体	分布特点：	散生
古树等级：	三级	树　　龄：	111年
胸　　围：	312厘米	树　　高：	21.0米
东西冠幅：	5.0米	南北冠幅：	6.0米
平均冠幅：	5.5米	立地坡向：	无坡向
生长环境：	中等	生 长 势：	正常

⑪ 臭　椿（古树1株）*Alianthus altissima* Mill.

苦木科　臭椿属

所 在 地：	宁夏回族自治区吴忠市青铜峡市大坝镇三队		
经　　度：	106.00°	纬　　度：	38.01°
权　　属：	集体	分布特点：	群状
古树等级：	三级	树　　龄：	106年
胸　　围：	175厘米	树　　高：	13.0米
东西冠幅：	13.0米	南北冠幅：	15.0米
平均冠幅：	14.0米	立地坡向：	无坡向
生长环境：	中等	生 长 势：	正常

⑫ 核　桃（古树1株）*Juglans*

胡桃科　胡桃属

所 在 地：宁夏回族自治区青铜峡市大坝镇二队

经　　度：	106.04°	纬　　度：	37.99°
权　　属：	集体	分布特点：	散生
古树等级：	三级	树　　龄：	100年
胸　　围：	110厘米	树　　高：	12.0米
东西冠幅：	11.0米	南北冠幅：	10.0米
平均冠幅：	10.5米	立地坡向：	无坡向
生长环境：	良好	生 长 势：	正常

⑬ 枸　杞（古树1株）*Lycium barbarum* L.

茄科　枸杞属

所 在 地：宁夏回族自治区吴忠市同心县豫海镇城二村

经　　度：	105.91°	纬　　度：	36.96°
权　　属：	国有	分布特点：	散生
古树等级：	三级	树　　龄：	107年
胸　　围：	16厘米	树　　高：	3.0米
东西冠幅：	3.0米	南北冠幅：	4.0米
平均冠幅：	3.5米	立地坡向：	无坡向
生长环境：	中等	生 长 势：	正常

枸杞：落叶灌木，分枝细密，灰白色或灰黄色。叶互生或短枝上簇生，披针形或长椭圆状披针形；花萼钟形，花冠漏斗状，蓝紫色；浆果红色，椭圆形及长椭圆形。花果期5—10月，果实能入药，能滋肝补肾、益精明目；根皮入药，有清虚热、凉血的功能。宁夏全区普遍栽培。

四 固原市

固原市古树名木基本情况

固原市位于宁夏最南部，东南西与甘肃省毗邻，北接中卫市、吴忠市，下辖原州、西吉、隆德、泾源、彭阳共一区四县，辖区面积1.05万平方公里。固原历史悠久，是中国远古文化发祥地之一，曾是我国古代西北重镇和古丝绸之路东段北道的必经之地，也是著名的革命老区。境内分布公元前2500—2200年的“马家窑文化”“齐家文化”，也是中原农耕文化与草原游牧文化的结合带，是著名的古“萧关”所在地（位于固原市泾源县大湾乡瓦亭村）。境内有六盘山国家级自然保护区、云雾山国家级自然保护区等。

固原地处陕甘宁盆缘分区的黄土丘陵区和土石山区，境内六盘山是泾河、清水河、葫芦河的发源地，是宁夏和我国西北地区主要的水源涵养林区。2021年全市森林面积394.7万亩，森林覆盖率24.99%。

固原市保留至今的古树以人工栽种的树木为主，树种为柳、榆、侧柏等，主要分布在原州区、隆德县、彭阳县，著名的清“左公柳”全部分布于固原市。本书收录固原市古树83株，其中一级古树1株，二级古树8株，三级古树74株。全市树龄最大的古树约500年，最高古树为24.0米，最粗古树胸围980厘米。

❶ 旱　柳（古树33株）*Salix matsudana* Koidz.

杨柳科　柳属

旱柳

所 在 地：宁夏回族自治区固原市西吉县西滩乡西滩村

经　　度：	105.74°	纬　　度：	35.87°
权　　属：	集体	分布特点：	散生
古树等级：	三级	树　　龄：	140年
胸　　围：	260厘米	树　　高：	15.0米
东西冠幅：	12.0米	南北冠幅：	11.0米
平均冠幅：	11.5米	立地坡向：	南
生长环境：	良好	生 长 势：	正常

旱柳

所在地：	宁夏回族自治区固原市西吉县西滩乡西滩村		
经度：	105.74°	纬度：	35.87°
权属：	集体	分布特点：	散生
古树等级：	三级	树龄：	140年
胸围：	320厘米	树高：	16.0米
东西冠幅：	11.0米	南北冠幅：	10.0米
平均冠幅：	10.5米	立地坡向：	南
生长环境：	良好	生长势：	正常

旱柳

所 在 地：	宁夏回族自治区固原市西吉县西滩乡西滩村		
经　　度：	105.74°	纬　　度：	35.87°
权　　属：	集体	分布特点：	散生
古树等级：	三级	树　　龄：	140年
胸　　围：	340厘米	树　　高：	14.0米
东西冠幅：	16.0米	南北冠幅：	10.0米
平均冠幅：	13.0米	立地坡向：	南
生长环境：	良好	生 长 势：	正常

旱柳

所 在 地：宁夏回族自治区固原市西吉县西滩乡西滩村

经　　度：	105.74°	纬　　度：	35.87°
权　　属：	集体	分布特点：	散生
古树等级：	三级	树　　龄：	140年
胸　　围：	320厘米	树　　高：	18.0米
东西冠幅：	9.0米	南北冠幅：	12.0米
平均冠幅：	10.5米	立地坡向：	南
生长环境：	良好	生 长 势：	正常

旱柳

所在地：宁夏回族自治区固原市西吉县西滩乡西滩村

经度：	105.74°	纬度：	35.87°
权属：	集体	分布特点：	散生
古树等级：	三级	树龄：	140年
胸围：	300厘米	树高：	15.0米
东西冠幅：	11.0米	南北冠幅：	9.0米
平均冠幅：	10.0米	立地坡向：	无坡向
生长环境：	良好	生长势：	正常

旱柳

所 在 地：	宁夏回族自治区固原市西吉县西滩乡西滩村		
经　　度：	105.74°	纬　　度：	35.87°
权　　属：	集体	分布特点：	散生
古树等级：	三级	树　　龄：	140年
胸　　围：	260厘米	树　　高：	15.0米
东西冠幅：	11.0米	南北冠幅：	11.0米
平均冠幅：	11.0米	立地坡向：	南
生长环境：	良好	生 长 势：	正常

旱柳

所在地：宁夏回族自治区固原市西吉县西滩乡西滩村

经度：	105.74°	纬度：	35.87°
权属：	集体	分布特点：	散生
古树等级：	三级	树龄：	140年
胸围：	260厘米	树高：	15.0米
东西冠幅：	12.0米	南北冠幅：	11.0米
平均冠幅：	11.5米	立地坡向：	南
生长环境：	良好	生长势：	正常

旱柳

所 在 地：宁夏回族自治区固原市西吉县西滩乡西滩村

经　　度：105.74°　　纬　　度：35.87°

权　　属：集体　　分布特点：散生

古树等级：三级　　树　　龄：140年

胸　　围：450厘米　　树　　高：15.0米

东西冠幅：19.0米　　南北冠幅：17.0米

平均冠幅：18.0米　　立地坡向：无坡向

生长环境：良好　　生 长 势：正常

旱柳

所 在 地：	宁夏回族自治区固原市西吉县西滩乡西滩村		
经　　度：	105.74°	纬　　度：	35.87°
权　　属：	集体	分布特点：	散生
古树等级：	三级	树　　龄：	140年
胸　　围：	450厘米	树　　高：	15.0米
东西冠幅：	17.0米	南北冠幅：	15.0米
平均冠幅：	16.0米	立地坡向：	无坡向
生长环境：	良好	生 长 势：	正常

旱柳

所在地：	宁夏回族自治区固原市西吉县西滩乡西滩村		
经度：	105.74°	纬度：	35.87°
权属：	集体	分布特点：	散生
古树等级：	三级	树龄：	140年
胸围：	240厘米	树高：	12.0米
东西冠幅：	11.0米	南北冠幅：	10.0米
平均冠幅：	10.5米	立地坡向：	无坡向
生长环境：	良好	生长势：	正常

旱柳

所 在 地：宁夏回族自治区固原市隆德县城关镇隆泉社区古柳公园内

经度：	106.13°	纬度：	35.62°
权属：	集体	分布特点：	散生
古树等级：	三级	树龄：	150年
胸围：	250厘米	树高：	20.0米
东西冠幅：	10.0米	南北冠幅：	9.0米
平均冠幅：	9.5米	立地坡向：	无坡向
生长环境：	良好	生长势：	正常

旱柳

所 在 地：宁夏回族自治区固原市隆德县城关镇隆泉社区古柳公园内

经　　度：	106.13°	纬　　度：	35.62°
权　　属：	集体	分布特点：	散生
古树等级：	三级	树　　龄：	150年
胸　　围：	290厘米	树　　高：	17.0米
东西冠幅：	11.0米	南北冠幅：	10.0米
平均冠幅：	10.5米	立地坡向：	无坡向
生长环境：	良好	生 长 势：	正常

“大将筹边未肯还，湖湘子弟满天山。新栽杨柳三千里，引得春风度玉关。”岁月荏苒，从左宗棠率众植树至今约150年，宁夏保存至今的“左公柳”所剩无几。隆德县在城关镇建立了古柳公园，将最后的18株“左公柳”保护了起来。这些古树个个枝干苍虬，直指天际，犹如飞龙盘柱、突兀嶙峋，甚为壮观。

旱柳

所 在 地：	宁夏回族自治区固原市隆德县城关镇隆泉社区古柳公园内		
经　　度：	106.13°	纬　　度：	35.62°
权　　属：	集体	分布特点：	散生
古树等级：	三级	树　　龄：	150年
胸　　围：	330厘米	树　　高：	16.0米
东西冠幅：	12.0米	南北冠幅：	13.0米
平均冠幅：	12.5米	立地坡向：	无坡向
生长环境：	良好	生 长 势：	正常

旱柳

所 在 地：宁夏回族自治区固原市隆德县城关镇隆泉社区古柳公园内

经　　度：	106.13°	纬　　度：	35.62°
权　　属：	集体	分布特点：	散生
古树等级：	三级	树　　龄：	150年
胸　　围：	255厘米	树　　高：	20.0米
东西冠幅：	10.0米	南北冠幅：	9.0米
平均冠幅：	9.5米	立地坡向：	无坡向
生长环境：	良好	生 长 势：	正常

旱柳

所在地：宁夏回族自治区固原市隆德县城关镇隆泉社区古柳公园内

经　　度：	106.13°	纬　　度：	35.62°
权　　属：	集体	分布特点：	散生
古树等级：	三级	树　　龄：	150年
胸　　围：	255厘米	树　　高：	16.0米
东西冠幅：	10.0米	南北冠幅：	11.0米
平均冠幅：	10.5米	立地坡向：	北
生长环境：	良好	生 长 势：	正常

旱柳

所在地：宁夏回族自治区固原市隆德县城关镇隆泉社区古柳公园内

经　　度：	106.13°	纬　　度：	35.62°
权　　属：	集体	分布特点：	散生
古树等级：	三级	树　　龄：	150年
胸　　围：	380厘米	树　　高：	16.0米
东西冠幅：	14.0米	南北冠幅：	15.0米
平均冠幅：	14.5米	立地坡向：	无坡向
生长环境：	良好	生 长 势：	正常

旱柳

所 在 地：宁夏回族自治区固原市隆德县城关镇隆泉社区古柳公园内

经　　度：	106.13°	纬　　度：	35.62°
权　　属：	集体	分布特点：	散生
古树等级：	三级	树　　龄：	150年
胸　　围：	255厘米	树　　高：	10.0米
东西冠幅：	10.0米	南北冠幅：	11.0米
平均冠幅：	10.5米	立地坡向：	无坡向
生长环境：	良好	生 长 势：	正常

旱柳

所 在 地：宁夏回族自治区固原市隆德县城关镇隆泉社区古柳公园内

经　　度：106.13°　纬　　度：35.62°

权　　属：集体　分布特点：散生

古树等级：三级　树　　龄：150年

胸　　围：340厘米　树　　高：13.0米

东西冠幅：11.0米　南北冠幅：12.0米

平均冠幅：11.5米　立地坡向：无坡向

生长环境：良好　生 长 势：正常

旱柳

所 在 地：宁夏回族自治区固原市隆德县城关镇二中

经　　度：	106.13°	纬　　度：	35.62°
权　　属：	集体	分布特点：	散生
古树等级：	三级	树　　龄：	134年
胸　　围：	310厘米	树　　高：	10.0米
东西冠幅：	9.0米	南北冠幅：	10.0米
平均冠幅：	9.5米	立地坡向：	无坡向
生长环境：	良好	生 长 势：	正常

旱柳

所在地：宁夏回族自治区固原市泾源县黄花乡中庄村

经度：	106.41°	纬度：	35.59°
权属：	个人	分布特点：	散生
古树等级：	三级	树龄：	110年
胸围：	335厘米	树高：	18.0米
东西冠幅：	17.0米	南北冠幅：	16.0米
平均冠幅：	16.5米	立地坡向：	无坡向
生长环境：	良好	生长势：	正常

旱柳

所 在 地：宁夏回族自治区固原市泾源县兴盛乡一队

经　　度：	106.33°	纬　　度：	35.45°
权　　属：	集体	分布特点：	散生
古树等级：	三级	树　　龄：	120年
胸　　围：	270厘米	树　　高：	15.0米
东西冠幅：	16.0米	南北冠幅：	14.0米
平均冠幅：	15.0米	立地坡向：	北
生长环境：	良好	生 长 势：	正常

旱柳

所 在 地：	宁夏回族自治区固原市泾源县黄花乡清真寺		
经　　度：	106.41°	纬　　度：	35.59°
权　　属：	个人	分布特点：	散生
古树等级：	三级	树　　龄：	130年
胸　　围：	450厘米	树　　高：	18.0米
东西冠幅：	19.0米	南北冠幅：	20.0米
平均冠幅：	19.5米	立地坡向：	无坡向
生长环境：	良好	生 长 势：	正常

旱柳

所 在 地：宁夏回族自治区固原市彭阳县红河镇刘沟队

经　　度：	106.69°	纬　　度：	35.77°
权　　属：	集体	分布特点：	散生
古树等级：	二级	树　　龄：	305年
胸　　围：	980厘米	树　　高：	16.0米
东西冠幅：	16.0米	南北冠幅：	15.0米
平均冠幅：	15.5米	立地坡向：	无坡向
生长环境：	良好	生 长 势：	正常

大柳王位于彭阳县古城镇海口村西沟组圆咀河汊，树龄在300年以上。这株树主干基部约2米处分成4杈，杈角呈90度均匀分布，每杈枝在高至5~6米又分出侧枝5~6条，形成浑圆壮如巨伞的树冠，高大挺拔，雄伟壮观。听当地村民说，这株树曾遭雷击中间形成空洞，能容两人，后经生长逐渐合拢痕迹消失。这株古树现在成为当地人休闲乘凉的好去处，2005年被列为固原市和彭阳县重点保护的古树。

旱柳

所 在 地：	宁夏回族自治区固原市彭阳县孟塬乡前洼庙梁村		
经　　度：	106.89°	纬　　度：	35.96°
权　　属：	集体	分布特点：	散生
古树等级：	三级	树　　龄：	220年
胸　　围：	180厘米	树　　高：	12.0米
东西冠幅：	20.0米	南北冠幅：	18.0米
平均冠幅：	19.0米	立地坡向：	无坡向
生长环境：	良好	生 长 势：	正常

旱柳

所 在 地：宁夏回族自治区固原市彭阳县孟塬乡前洼庙梁村

经　　度：	106.89°	纬　　度：	35.96°
权　　属：	集体	分布特点：	散生
古树等级：	三级	树　　龄：	220年
胸　　围：	230厘米	树　　高：	8.0米
东西冠幅：	14.0米	南北冠幅：	15.0米
平均冠幅：	14.5米	立地坡向：	无坡向
生长环境：	良好	生 长 势：	正常

旱柳

所 在 地：	宁夏回族自治区固原市彭阳县孟塬乡塬畔队		
经　　度：	106.89°	纬　　度：	35.96°
权　　属：	集体	分布特点：	散生
古树等级：	三级	树　　龄：	120年
胸　　围：	230厘米	树　　高：	18.0米
东西冠幅：	13.0米	南北冠幅：	12.0米
平均冠幅：	12.5米	立地坡向：	东
生长环境：	良好	生 长 势：	正常

旱柳

所在地：宁夏回族自治区固原市彭阳县古城镇川口队

经　　度：	106.51°	纬　　度：	35.92°
权　　属：	集体	分布特点：	散生
古树等级：	三级	树　　龄：	155年
胸　　围：	250厘米	树　　高：	11.0米
东西冠幅：	9.0米	南北冠幅：	10.0米
平均冠幅：	9.5米	立地坡向：	无坡向
生长环境：	中等	生 长 势：	正常

旱柳

所 在 地：宁夏回族自治区固原市彭阳县古城镇川口村

经　　度：	106.51°	纬　　度：	35.92°
权　　属：	个人	分布特点：	散生
古树等级：	三级	树　　龄：	160年
胸　　围：	260厘米	树　　高：	9.0米
东西冠幅：	9.0米	南北冠幅：	10.0米
平均冠幅：	9.5米	立地坡向：	无坡向
生长环境：	中等	生 长 势：	正常

旱柳

所 在 地：	宁夏回族自治区固原市彭阳县新集乡新集村		
经　　度：	106.35°	纬　　度：	35.86°
权　　属：	个人	分布特点：	散生
古树等级：	三级	树　　龄：	105年
胸　　围：	230厘米	树　　高：	10.0米
东西冠幅：	9.0米	南北冠幅：	9.0米
平均冠幅：	9.0米	立地坡向：	无坡向
生长环境：	良好	生 长 势：	正常

旱柳

所在地：宁夏回族自治区固原市彭阳县新集乡峁堡村

经　　度：	106.35°	纬　　度：	35.86°
权　　属：	个人	分布特点：	散生
古树等级：	三级	树　　龄：	122年
胸　　围：	217厘米	树　　高：	9.0米
东西冠幅：	12.0米	南北冠幅：	16.0米
平均冠幅：	14.0米	立地坡向：	北
生长环境：	良好	生长势：	正常

旱柳

所 在 地：	宁夏回族自治区固原市彭阳县新集乡沟口村		
经　　度：	106.35°	纬　　度：	35.86°
权　　属：	个人	分布特点：	散生
古树等级：	三级	树　　龄：	152年
胸　　围：	215厘米	树　　高：	12.0米
东西冠幅：	14.0米	南北冠幅：	15.0米
平均冠幅：	14.5米	立地坡向：	北
生长环境：	良好	生 长 势：	正常

旱柳

所 在 地：宁夏回族自治区固原市彭阳县新集乡峁堡村

经　　度：	106.35°	纬　　度：	35.86°
权　　属：	个人	分布特点：	散生
古树等级：	三级	树　　龄：	152年
胸　　围：	272厘米	树　　高：	18.0米
东西冠幅：	12.0米	南北冠幅：	14.0米
平均冠幅：	13.0米	立地坡向：	北
生长环境：	良好	生 长 势：	正常

旱柳

所 在 地：宁夏回族自治区固原市彭阳县小岔乡上园子

经　　度：	106.74°	纬　　度：	36.20°
权　　属：	个人	分布特点：	散生
古树等级：	三级	树　　龄：	110年
胸　　围：	250厘米	树　　高：	8.0米
东西冠幅：	10.0米	南北冠幅：	9.0米
平均冠幅：	9.5米	立地坡向：	无坡向
生长环境：	良好	生 长 势：	正常

❷ 侧　柏（古树14株）*Platycladus orientalis* L.

柏科　侧柏属

侧柏

所 在 地：宁夏回族自治区固原市原州区黄铎堡镇穆滩村

经　　度：	105.98°	纬　　度：	36.27°
权　　属：	集体	分布特点：	散生
古树等级：	三级	树　　龄：	212年
胸　　围：	112厘米	树　　高：	9.0米
东西冠幅：	6.0米	南北冠幅：	4.0米
平均冠幅：	5.0米	立地坡向：	无坡向
生长环境：	良好	生 长 势：	正常

侧柏

所 在 地：	宁夏回族自治区固原市原州区黄铎堡镇穆滩村		
经　　度：	105.98°	纬　　度：	36.27°
权　　属：	集体	分布特点：	散生
古树等级：	三级	树　　龄：	212年
胸　　围：	135厘米	树　　高：	9.0米
东西冠幅：	6.0米	南北冠幅：	4.0米
平均冠幅：	5.0米	立地坡向：	无坡向
生长环境：	良好	生 长 势：	正常

侧柏

所 在 地：	宁夏回族自治区固原市隆德县好水乡好水中学		
经　　度：	106.10°	纬　　度：	35.67°
权　　属：	集体	分布特点：	散生
古树等级：	三级	树　　龄：	125年
胸　　围：	195厘米	树　　高：	14.0米
东西冠幅：	10.0米	南北冠幅：	11.0米
平均冠幅：	10.5米	立地坡向：	无坡向
生长环境：	良好	生 长 势：	正常

伏龙寺古柏位于隆德县好水乡红星村好水中学，树龄约120年，当地人称“龙柏”，经鉴定是圆柏。这株古树树干通直美观，枝繁叶茂，刚健挺拔。相传该树是伏龙山寺主持何善人在1893年栽种，如今伏龙山寺址已建成现在的隆德县好水中学，只有当年的这株古柏见证着历史的变迁，默默地在风雨中成长。

侧柏

所在地：宁夏回族自治区固原市泾源县新民乡清真寺

经度：	106.44°	纬度：	35.32°
权属：	集体	分布特点：	散生
古树等级：	三级	树龄：	150年
胸围：	190厘米	树高：	14.0米
东西冠幅：	9.0米	南北冠幅：	11.0米
平均冠幅：	10.0米	立地坡向：	无坡向
生长环境：	良好	生长势：	正常

历史故事

泾源县新民乡石咀村清真寺内，有5株圆柏，树干通直圆满，虬枝挺傲古朴肃穆。据考证，其中1株树龄在200年以上，相传是晚清左宗棠任陕甘总督时当地群众所种；其余4株树龄100年以上，是宁夏回族自治区原伊协副主席穆易兰的父辈所种。多年来，当地群众对这5株古树备加呵护，爱惜有加。这5株古树也成为见证各族群众团结的友谊树。

侧柏

所在地：宁夏回族自治区固原市泾源县新民乡清真寺

经　　度：106.44°　　纬　　度：35.32°

权　　属：集体　　分布特点：散生

古树等级：三级　　树　　龄：150年

胸　　围：130厘米　　树　　高：18.0米

东西冠幅：8.0米　　南北冠幅：7.0米

平均冠幅：7.5米　　立地坡向：无坡向

生长环境：良好　　生长势：正常

侧柏

所 在 地：	宁夏回族自治区固原市彭阳县城阳乡大圣庙		
经　　度：	106.83°	纬　　度：	36.08°
权　　属：	集体	分布特点：	群状
古树等级：	二级	树　　龄：	300年
胸　　围：	150厘米	树　　高：	6.0米
东西冠幅：	7.0米	南北冠幅：	5.0米
平均冠幅：	6.0米	立地坡向：	无坡向
生长环境：	良好	生 长 势：	正常

侧柏

所 在 地：宁夏回族自治区固原市彭阳县城阳乡五峰山庙

经　　度：	106.83°	纬　　度：	36.08°
权　　属：	集体	分布特点：	群状
古树等级：	三级	树　　龄：	260年
胸　　围：	70厘米	树　　高：	10.0米
东西冠幅：	6.0米	南北冠幅：	7.0米
平均冠幅：	6.5米	立地坡向：	无坡向
生长环境：	良好	生 长 势：	正常

侧柏

所 在 地：宁夏回族自治区固原市彭阳县城阳乡五峰山庙

经　　度：	106.83°	纬　　度：	36.08°
权　　属：	集体	分布特点：	群状
古树等级：	三级	树　　龄：	260年
胸　　围：	65厘米	树　　高：	9.0米
东西冠幅：	5.0米	南北冠幅：	7.0米
平均冠幅：	6.0米	立地坡向：	无坡向
生长环境：	良好	生 长 势：	正常

侧柏

所在地：	宁夏回族自治区固原市彭阳县城阳乡五峰山庙		
经度：	106.83°	纬度：	36.08°
权属：	集体	分布特点：	群状
古树等级：	三级	树龄：	260年
胸围：	65厘米	树高：	9.0米
东西冠幅：	6.0米	南北冠幅：	7.0米
平均冠幅：	6.5米	立地坡向：	无坡向
生长环境：	良好	生长势：	正常

侧柏

所在地：	宁夏回族自治区固原市彭阳县城阳乡大圣庙		
经　度：	106.83°	纬　度：	36.08°
权　属：	集体	分布特点：	群状
古树等级：	二级	树　龄：	300年
胸　围：	150厘米	树　高：	6.0米
东西冠幅：	7.0米	南北冠幅：	5.0米
平均冠幅：	6.0米	立地坡向：	无坡向
生长环境：	良好	生长势：	正常

侧柏

所 在 地：宁夏回族自治区固原市彭阳县城阳乡大圣庙

经　　度：	106.83°	纬　　度：	36.08°
权　　属：	集体	分布特点：	群状
古树等级：	二级	树　　龄：	300年
胸　　围：	90厘米	树　　高：	8.0米
东西冠幅：	4.0米	南北冠幅：	5.0米
平均冠幅：	4.5米	立地坡向：	无坡向
生长环境：	良好	生 长 势：	正常

侧柏

所 在 地：宁夏回族自治区固原市彭阳县城阳乡大圣庙

经　　度：	106.83°	纬　　度：	36.08°
权　　属：	集体	分布特点：	群状
古树等级：	二级	树　　龄：	325年
胸　　围：	230厘米	树　　高：	8.0米
东西冠幅：	6.0米	南北冠幅：	7.0米
平均冠幅：	6.5米	立地坡向：	无坡向
生长环境：	良好	生 长 势：	正常

彭阳县“五峰山庙”和“大圣庙”始建于清康熙六十一年(1722年)，据史料记载，在建大圣庙之前，这里就林木繁茂。后大树被不断砍伐利用，因“五峰山庙”和“大圣庙”周边的侧柏树有僧侣管护，所以至今还保留下7株百年以上古树。

侧柏

所 在 地：宁夏回族自治区固原市彭阳县冯庄乡塬畔队

经　　度：106.01°　　纬　　度：35.96°

权　　属：个人　　分布特点：散生

古树等级：三级　　树　　龄：180年

胸　　围：205厘米　　树　　高：11.0米

东西冠幅：10.0米　　南北冠幅：10.0米

平均冠幅：10.0米　　立地坡向：无坡向

生长环境：中等　　生 长 势：正常

侧柏

所 在 地：宁夏回族自治区固原市彭阳县红河镇高河队

经　　度：	106.69°	纬　　度：	35.77°
权　　属：	个人	分布特点：	散生
古树等级：	三级	树　　龄：	130年
胸　　围：	230厘米	树　　高：	9.0米
东西冠幅：	7.0米	南北冠幅：	8.0米
平均冠幅：	7.5米	立地坡向：	南
生长环境：	良好	生 长 势：	正常

③ 核　桃（古树12株）*Juglans regia* L.

胡桃科　胡桃属

核桃

所 在 地：宁夏回族自治区固原市原州区黄铎堡镇穆滩村

经　　度：	105.98°	纬　　度：	36.27°
权　　属：	个人	分布特点：	散生
古树等级：	三级	树　　龄：	152年
胸　　围：	266厘米	树　　高：	12.0米
东西冠幅：	14.0米	南北冠幅：	12.0米
平均冠幅：	13.0米	立地坡向：	无坡向
生长环境：	良好	生 长 势：	正常

核桃

所在地：	宁夏回族自治区固原市泾源县地沟村		
经　　度：	106.45°	纬　　度：	35.23°
权　　属：	集体	分布特点：	散生
古树等级：	三级	树　　龄：	260年
胸　　围：	180厘米	树　　高：	16.0米
东西冠幅：	14.0米	南北冠幅：	15.0米
平均冠幅：	14.5米	立地坡向：	无坡向
生长环境：	良好	生长势：	正常

核桃

所 在 地：宁夏回族自治区固原市泾源县六盘山镇花果村

经　　度：	106.45°	纬　　度：	35.23°
权　　属：	集体	分布特点：	散生
古树等级：	三级	树　　龄：	200年
胸　　围：	160厘米	树　　高：	14.0米
东西冠幅：	14.0米	南北冠幅：	13.0米
平均冠幅：	13.5米	立地坡向：	无坡向
生长环境：	良好	生 长 势：	正常

核桃

所在地：	宁夏回族自治区固原市彭阳县城阳乡杨塬村		
经　度：	106.83°	纬　度：	36.08°
权　属：	集体	分布特点：	散生
古树等级：	三级	树　龄：	120年
胸　围：	250厘米	树　高：	11.0米
东西冠幅：	12.0米	南北冠幅：	11.0米
平均冠幅：	11.5米	立地坡向：	无坡向
生长环境：	良好	生长势：	正常

核桃

所在地：宁夏回族自治区固原市彭阳县城阳乡北塬村

经　度：	106.83°	纬　度：	36.08°
权　属：	集体	分布特点：	散生
古树等级：	三级	树　龄：	120年
胸　围：	240厘米	树　高：	12.0米
东西冠幅：	13.0米	南北冠幅：	12.0米
平均冠幅：	12.5米	立地坡向：	无坡向
生长环境：	良好	生长势：	正常

核桃

所 在 地：	宁夏回族自治区固原市彭阳县城阳乡南堡队		
经　　度：	106.83°	纬　　度：	36.08°
权　　属：	集体	分布特点：	群状
古树等级：	三级	树　　龄：	120年
胸　　围：	270厘米	树　　高：	10.0米
东西冠幅：	12.0米	南北冠幅：	11.0米
平均冠幅：	11.5米	立地坡向：	无坡向
生长环境：	良好	生 长 势：	正常

核桃

所 在 地：	宁夏回族自治区固原市彭阳县城阳乡韩寨村		
经　　度：	106.83°	纬　　度：	36.08°
权　　属：	集体	分布特点：	群状
古树等级：	三级	树　　龄：	120年
胸　　围：	230厘米	树　　高：	10.0米
东西冠幅：	13.0米	南北冠幅：	11.0米
平均冠幅：	12.0米	立地坡向：	无坡向
生长环境：	良好	生 长 势：	正常

核桃

所 在 地：	宁夏回族自治区固原市彭阳县城阳乡南堡队		
经　　度：	106.83°	纬　　度：	36.08°
权　　属：	集体	分布特点：	群状
古树等级：	三级	树　　龄：	120年
胸　　围：	270厘米	树　　高：	11.0米
东西冠幅：	12.0米	南北冠幅：	12.0米
平均冠幅：	12.0米	立地坡向：	无坡向
生长环境：	良好	生 长 势：	正常

核桃

所 在 地：宁夏回族自治区固原市彭阳县城阳乡韩寨村

经　　度：106.83°　　纬　　度：36.08°

权　　属：集体　　分布特点：散生

古树等级：三级　　树　　龄：260年

胸　　围：230厘米　　树　　高：16.0米

东西冠幅：16.0米　　南北冠幅：15.0米

平均冠幅：15.5米　　立地坡向：无坡向

生长环境：良好　　生 长 势：正常

核桃

所在地：宁夏回族自治区固原市彭阳县城阳乡韩寨村

经度：	106.83°	纬度：	36.08°
权属：	集体	分布特点：	散生
古树等级：	三级	树龄：	260年
胸围：	300厘米	树高：	15.0米
东西冠幅：	14.0米	南北冠幅：	15.0米
平均冠幅：	14.5米	立地坡向：	无坡向
生长环境：	良好	生长势：	正常

核桃

所 在 地：宁夏回族自治区固原市彭阳县红河镇雷嘴队

经　　度：	106.89°	纬　　度：	35.96°
权　　属：	个人	分布特点：	散生
古树等级：	二级	树　　龄：	300年
胸　　围：	370厘米	树　　高：	17.0米
东西冠幅：	16.0米	南北冠幅：	15.0米
平均冠幅：	15.5米	立地坡向：	无坡向
生长环境：	中等	生 长 势：	正常

核桃

所在地：宁夏回族自治区固原市彭阳县红河镇雷嘴队

经度：	106.89°	纬度：	35.96°
权属：	个人	分布特点：	散生
古树等级：	三级	树龄：	240年
胸围：	310厘米	树高：	11.0米
东西冠幅：	10.0米	南北冠幅：	8.0米
平均冠幅：	9.0米	立地坡向：	无坡向
生长环境：	中等	生长势：	正常

④ 榆（古树7株）*Ulums* L.

榆科　榆属

榆

所 在 地：宁夏回族自治区固原市原州区黄铎堡镇须弥山石窟

经　　度：	105.98°	纬　　度：	36.27°
权　　属：	集体	分布特点：	散生
古树等级：	一级	树　　龄：	500年
胸　　围：	390厘米	树　　高：	9.0米
东西冠幅：	8.0米	南北冠幅：	9.0米
平均冠幅：	8.5米	立地坡向：	无坡向
生长环境：	良好	生 长 势：	正常

榆

所 在 地：宁夏回族自治区固原市原州区黄铎堡镇须弥山石窟

经　　度：	105.98°	纬　　度：	36.27°
权　　属：	集体	分布特点：	散生
古树等级：	二级	树　　龄：	350年
胸　　围：	135厘米	树　　高：	17.0米
东西冠幅：	18.0米	南北冠幅：	17.0米
平均冠幅：	17.5米	立地坡向：	南
生长环境：	良好	生 长 势：	正常

榆

所 在 地：	宁夏回族自治区固原市西吉县硝河乡马昌村		
经　　度：	105.74°	纬　　度：	35.87°
权　　属：	个人	分布特点：	散生
古树等级：	三级	树　　龄：	200年
胸　　围：	210厘米	树　　高：	18.0米
东西冠幅：	18.0米	南北冠幅：	17.0米
平均冠幅：	17.5米	立地坡向：	无坡向
生长环境：	良好	生 长 势：	正常

榆

所在地：宁夏回族自治区固原市西吉县沙沟乡陶堡村

经度：	105.74°	纬度：	35.87°
权属：	个人	分布特点：	散生
古树等级：	三级	树龄：	200年
胸围：	180厘米	树高：	16.0米
东西冠幅：	14.0米	南北冠幅：	15.0米
平均冠幅：	14.5米	立地坡向：	无坡向
生长环境：	良好	生长势：	正常

榆

所 在 地：	宁夏回族自治区固原市彭阳县小岔乡李渠队		
经　　度：	106.89°	纬　　度：	35.96°
权　　属：	个人	分布特点：	散生
古树等级：	三级	树　　龄：	260年
胸　　围：	260厘米	树　　高：	8.0米
东西冠幅：	15.0米	南北冠幅：	13.0米
平均冠幅：	14.0米	立地坡向：	东
生长环境：	差	生 长 势：	正常

榆

所 在 地：宁夏回族自治区固原市彭阳县红河镇高河队

经　　度：	106.89°	纬　　度：	35.96°
权　　属：	个人	分布特点：	散生
古树等级：	三级	树　　龄：	160年
胸　　围：	210厘米	树　　高：	9.0米
东西冠幅：	16.0米	南北冠幅：	14.0米
平均冠幅：	15.0米	立地坡向：	无坡向
生长环境：	良好	生 长 势：	正常

榆

所 在 地：宁夏回族自治区固原市彭阳县古城镇坝堰源头

经　　度：	106.51°	纬　　度：	35.92°
权　　属：	个人	分布特点：	散生
古树等级：	三级	树　　龄：	260年
胸　　围：	240厘米	树　　高：	18.0米
东西冠幅：	9.0米	南北冠幅：	10.0米
平均冠幅：	9.5米	立地坡向：	西
生长环境：	中等	生 长 势：	正常

❺ 杏（古树5株）*Armeniaca vulgaris* Lam.

蔷薇科　杏属

杏

所在地：	宁夏回族自治区固原市原州区黄铎堡镇须弥山石窟		
经　度：	105.98°	纬　度：	36.27°
权　属：	集体	分布特点：	散生
古树等级：	三级	树　龄：	250年
胸　围：	190厘米	树　高：	10.0米
东西冠幅：	8.0米	南北冠幅：	10.0米
平均冠幅：	9.0米	立地坡向：	东
生长环境：	中等	生长势：	良好

杏

所 在 地：	宁夏回族自治区固原市原州区寨科乡中庄村		
经　　度：	106.48°	纬　　度：	36.33°
权　　属：	个人	分布特点：	散生
古树等级：	三级	树　　龄：	172年
胸　　围：	130厘米	树　　高：	12.0米
东西冠幅：	14.0米	南北冠幅：	11.0米
平均冠幅：	12.5米	立地坡向：	北
生长环境：	中等	生 长 势：	良好

杏

所 在 地：宁夏回族自治区固原市西吉县兴隆镇公易村

经　　度：	105.82°	纬　　度：	35.59°
权　　属：	集体	分布特点：	散生
古树等级：	三级	树　　龄：	140年
胸　　围：	250厘米	树　　高：	17.0米
东西冠幅：	16.0米	南北冠幅：	15.0米
平均冠幅：	15.5米	立地坡向：	北
生长环境：	良好	生 长 势：	正常

杏

所 在 地：宁夏回族自治区固原市彭阳县古城镇丁岗堡村

经　　度：	106.51°	纬　　度：	35.92°
权　　属：	个人	分布特点：	散生
古树等级：	三级	树　　龄：	130年
胸　　围：	250厘米	树　　高：	12.0米
东西冠幅：	9.0米	南北冠幅：	10.0米
平均冠幅：	9.5米	立地坡向：	无坡向
生长环境：	差	生 长 势：	正常

杏

所在地：	宁夏回族自治区固原市彭阳县古城镇关院队		
经度：	106.51°	纬度：	35.92°
权属：	个人	分布特点：	散生
古树等级：	三级	树龄：	260年
胸围：	290厘米	树高：	11.0米
东西冠幅：	16.0米	南北冠幅：	15.0米
平均冠幅：	15.5米	立地坡向：	无坡向
生长环境：	良好	生长势：	正常

❻ 杜　梨（古树５株）*Pyrus betulaefolia* Bge.

蔷薇科　梨属

杜梨

所 在 地：宁夏回族自治区固原市西吉县兴隆镇黄岔村

经　　度：105.82°	纬　　度：35.59°
权　　属：集体	分布特点：散生
古树等级：三级	树　　龄：140年
胸　　围：240厘米	树　　高：15.0米
东西冠幅：14.0米	南北冠幅：13.0米
平均冠幅：13.5米	立地坡向：无坡向
生长环境：良好	生 长 势：正常

杜梨：落叶乔木，小枝开张，叶片菱状卵形，伞房花序白色，果实近球形。宁夏全区多有栽培，多作梨树的砧木或果园的绿篱。

杜梨

所 在 地：宁夏回族自治区固原市泾源县黄花乡一队

经　　度：	106.41°	纬　　度：	35.59°
权　　属：	个人	分布特点：	散生
古树等级：	三级	树　　龄：	160年
胸　　围：	280厘米	树　　高：	17.0米
东西冠幅：	16.0米	南北冠幅：	15.0米
平均冠幅：	15.5米	立地坡向：	无坡向
生长环境：	良好	生 长 势：	正常

杜梨

所 在 地：宁夏回族自治区固原市泾源县黄花乡一队

经　　度：	106.41°	纬　　度：	35.59°
权　　属：	个人	分布特点：	散生
古树等级：	三级	树　　龄：	150年
胸　　围：	380厘米	树　　高：	16.0米
东西冠幅：	14.0米	南北冠幅：	13.0米
平均冠幅：	13.5米	立地坡向：	南
生长环境：	良好	生 长 势：	正常

杜梨

所在地：宁夏回族自治区固原市彭阳县冯庄乡陶湾队

经度：	106.01°	纬度：	35.96°
权属：	集体	分布特点：	散生
古树等级：	三级	树龄：	280年
胸围：	310厘米	树高：	8.0米
东西冠幅：	9.0米	南北冠幅：	11.0米
平均冠幅：	10.0米	立地坡向：	无坡向
生长环境：	差	生长势：	正常

杜梨

所 在 地：宁夏回族自治区固原市彭阳县古城镇张沟队

经　　度：	106.51°	纬　　度：	35.92°
权　　属：	个人	分布特点：	散生
古树等级：	三级	树　　龄：	280年
胸　　围：	270厘米	树　　高：	14.0米
东西冠幅：	14.0米	南北冠幅：	12.0米
平均冠幅：	13.0米	立地坡向：	东
生长环境：	良好	生 长 势：	正常

⑦ 小叶杨（古树2株）*Populus simon* Carr.

杨柳科　杨属

小叶杨

所 在 地：宁夏回族自治区固原市西吉县吉强镇永清湖畔

经　　度：	105.73°	纬　　度：	35.96°
权　　属：	集体	分布特点：	散生
古树等级：	三级	树　　龄：	160年
胸　　围：	260厘米	树　　高：	20.0米
东西冠幅：	20.0米	南北冠幅：	19.0米
平均冠幅：	19.5米	立地坡向：	无坡向
生长环境：	良好	生 长 势：	正常

小叶杨

所 在 地：宁夏回族自治区固原市西吉县硝河乡马昌村

经　　度：	105.84°	纬　　度：	35.89°
权　　属：	集体	分布特点：	散生
古树等级：	三级	树　　龄：	210年
胸　　围：	430厘米	树　　高：	24.0米
东西冠幅：	16.0米	南北冠幅：	14.0米
平均冠幅：	15.0米	立地坡向：	南
生长环境：	良好	生 长 势：	正常

8 华山松（古树2株）*Pinus armandii* Franch.

松科　松属

华山松

所 在 地：宁夏回族自治区固原市西吉县兴隆镇清真寺内

经　　度：	105.82°	纬　　度：	35.59°
权　　属：	集体	分布特点：	散生
古树等级：	三级	树　　龄：	130年
胸　　围：	120厘米	树　　高：	13.0米
东西冠幅：	15.0米	南北冠幅：	11.0米
平均冠幅：	13.0米	立地坡向：	南
生长环境：	良好	生 长 势：	正常

华山松：常绿乔木，幼树树皮灰绿色，平滑老树树皮灰褐色，裂成片状，针叶5针一束，稀6~7针一束；雄球花卵状圆柱形，球果圆锥状长卵圆形，种子倒卵圆形。花期5月，球果第二年9—10月成熟。华山松为材质优良、木材可供建筑、枕木、家具及木纤维工业原料。多分布于宁夏六盘山区。

华山松

所 在 地：	宁夏回族自治区固原市西吉县兴隆镇陈玉田村		
经　　度：	105.82°	纬　　度：	35.59°
权　　属：	集体	分布特点：	散生
古树等级：	三级	树　　龄：	150年
胸　　围：	120厘米	树　　高：	13.0米
东西冠幅：	15.0米	南北冠幅：	11.0米
平均冠幅：	13.0米	立地坡向：	南
生长环境：	良好	生 长 势：	正常

位于西吉县兴隆镇陈田玉村五组北山根的李云家祖坟内的华山松，约150年树龄。据近80岁回族老人李云回忆，该墓地的3株华山松是他爷爷李发财从甘肃省平凉市崆峒峡移栽来的，已经历了150多年的风雨沧桑，在李云老人及家人精心呵护下，这3株华山松枝繁叶茂，长势良好。

9 圆 柏（古树2株）*Sabina chinensis* L.

柏科 圆柏属

圆柏

所 在 地：宁夏回族自治区固原市西吉县什字乡什字村

经　　度：	106.00°	纬　　度：	35.74°
权　　属：	集体	分布特点：	散生
古树等级：	二级	树　　龄：	350年
胸　　围：	160厘米	树　　高：	12.0米
东西冠幅：	12.0 米	南北冠幅：	11.0米
平均冠幅：	11.5米	立地坡向：	无坡向
生长环境：	良好	生 长 势：	正常

圆柏

所 在 地：宁夏回族自治区固原市泾源县黄花乡副食厂院

经　　度：	106.41°	纬　　度：	35.59°
权　　属：	国有	分布特点：	散生
古树等级：	三级	树　　龄：	250年
胸　　围：	170厘米	树　　高：	15.0米
东西冠幅：	11.0米	南北冠幅：	12.0米
平均冠幅：	11.5米	立地坡向：	无坡向
生长环境：	良好	生 长 势：	正常

位于泾源县城副食品厂院内的圆柏，有200年以上树龄，见证了这里从历史上的华平县到中华人民共和国成立后泾源县的沧桑巨变。20世纪90年代，泾源县政府将其收入《泾源县志》，如今已成为该县重点保护的古树名木之一。

⑩ 白　榆（古树1株）*Ulmus pumia* L.

榆科　榆属

所在地：宁夏回族自治区固原市西吉县沙沟乡陶堡村

经　　度：	105.97°	纬　　度：	36.10°
权　　属：	集体	分布特点：	散生
古树等级：	三级	树　　龄：	150年
胸　　围：	280厘米	树　　高：	16.0米
东西冠幅：	11.0米	南北冠幅：	10.0米
平均冠幅：	10.5米	立地坡向：	无坡向
生长环境：	良好	生 长 势：	正常

五 中卫市

中卫市古树名木基本情况

中卫市位于宁夏中西部，地处宁、甘、内蒙古三省（区）交界地带，辖沙坡头、中宁、海原共一区两县，辖区面积1.37万平方公里，是全国唯一沿用古代军事建制“卫”字称谓的城市，是黄河上游第一个自流灌溉市，素有“天下黄河富宁夏，首富中卫”之美誉。享有“中国枸杞之乡”等殊荣。中卫草方格治沙技术保障包兰铁路60多年穿越腾格里沙漠安然无恙，被誉为“ 世界奇迹 ”，这项技术获国家科技进步特等奖，治沙区被联合国评为环境保护“全球500佳”。境内有沙坡头国家级自然保护区、南华山国家级自然保护区等。

中卫山沙川兼备，台地平原沙漠丘陵俱有，地貌类型多样。得黄河水自流灌溉之便利，沿田沟渠路建设的防护林、黄土丘陵区水土保持林体系完善，城市森林亘古发达。2021年全市森林面积267.6万亩，森林覆盖率13.06%。

中卫市保留至今的古树以人工栽种的阔叶树为主，树种为榆、柳、枣树等，主要分布在海原县和沙坡头区。本书收录中卫市古树45株、古树群2处，其中二级古树9株，三级古树36株。全市树龄最大古树约400年，最高的古树28.0米，最粗的古树胸围620厘米。

❶ 榆（古树15株）*Ulums* L.

榆科　榆属

榆

所 在 地：宁夏回族自治区中卫市海原县海城镇武塬村

经　　度：105.57°　　纬　　度：36.61°

权　　属：集体　　分布特点：散生

古树等级：二级　　树　　龄：308年

胸　　围：485厘米　　树　　高：19.0米

东西冠幅：16.0米　　南北冠幅：15.0米

平均冠幅：15.5米　　立地坡向：无坡向

生长环境：中等　　生 长 势：正常

榆

所 在 地：	宁夏回族自治区中卫市海原县贾塘乡马营村		
经　　度：	105.81°	纬　　度：	36.54°
权　　属：	个人	分布特点：	散生
古树等级：	三级	树　　龄：	125年
胸　　围：	290厘米	树　　高：	15.0米
东西冠幅：	21.0米	南北冠幅：	19.0米
平均冠幅：	20.0米	立地坡向：	无坡向
生长环境：	中等	生 长 势：	正常

榆

所在地：宁夏回族自治区中卫市海原县贾塘乡马营村

经　度：	105.80°	纬　度：	36.54°
权　属：	集体	分布特点：	散生
古树等级：	二级	树　龄：	360年
胸　围：	300厘米	树　高：	16.0米
东西冠幅：	17.0米	南北冠幅：	19.0米
平均冠幅：	18.0米	立地坡向：	无坡向
生长环境：	中等	生长势：	正常

榆

所在地：	宁夏回族自治区中卫市海原县三河镇代店村		
经　度：	106.08°	纬　度：	36.34°
权　属：	个人	分布特点：	散生
古树等级：	三级	树　龄：	164年
胸　围：	340厘米	树　高：	16.0米
东西冠幅：	17.0米	南北冠幅：	19.0米
平均冠幅：	18.0米	立地坡向：	无坡向
生长环境：	中等	生长势：	正常

榆

所 在 地：宁夏回族自治区中卫市海原县三河镇红城村

经　　度：	106.16°	纬　　度：	36.33°
权　　属：	个人	分布特点：	散生
古树等级：	三级	树　　龄：	160年
胸　　围：	150厘米	树　　高：	16.0米
东西冠幅：	16.0米	南北冠幅：	17.0米
平均冠幅：	16.5米	立地坡向：	无坡向
生长环境：	中等	生 长 势：	正常

榆

所在地：	宁夏回族自治区中卫市海原县曹洼乡曹洼村		
经度：	105.79°	纬度：	36.41°
权属：	国有	分布特点：	散生
古树等级：	三级	树龄：	100年
胸围：	260厘米	树高：	14.0米
东西冠幅：	13.0米	南北冠幅：	12.0米
平均冠幅：	12.5米	立地坡向：	无坡向
生长环境：	中等	生长势：	正常

榆

所在地：	宁夏回族自治区中卫市海原县曹洼乡曹洼村		
经度：	105.74°	纬度：	36.42°
权属：	个人	分布特点：	散生
古树等级：	三级	树龄：	290年
胸围：	420厘米	树高：	15.0米
东西冠幅：	16.0米	南北冠幅：	18.0米
平均冠幅：	17.0米	立地坡向：	无坡向
生长环境：	良好	生长势：	正常

榆

所 在 地：	宁夏回族自治区中卫市海原县树台乡响安村		
经　　度：	105.45°	纬　　度：	36.50°
权　　属：	个人	分布特点：	散生
古树等级：	三级	树　　龄：	110年
胸　　围：	180厘米	树　　高：	15.0米
东西冠幅：	15.0米	南北冠幅：	16.0米
平均冠幅：	15.5米	立地坡向：	西
生长环境：	中等	生 长 势：	正常

榆

所 在 地：宁夏回族自治区中卫市海原县树台乡韩庄村

经　　度：105.45°　　纬　　度：36.50°

权　　属：个人　　分布特点：散生

古树等级：三级　　树　　龄：110年

胸　　围：350厘米　　树　　高：16.0米

东西冠幅：17.0米　　南北冠幅：19.0米

平均冠幅：18.0米　　立地坡向：西

生长环境：良好　　生 长 势：正常

榆

所 在 地：	宁夏回族自治区中卫市海原县西安镇小河村		
经　　度：	105.52°	纬　　度：	36.62°
权　　属：	个人	分布特点：	散生
古树等级：	三级	树　　龄：	130年
胸　　围：	320厘米	树　　高：	17.0米
东西冠幅：	15.0米	南北冠幅：	16.0米
平均冠幅：	15.5米	立地坡向：	西
生长环境：	良好	生 长 势：	正常

榆

所在地：	宁夏回族自治区中卫市海原县关桥乡罗山村		
经度：	105.58°	纬度：	36.68°
权属：	个人	分布特点：	散生
古树等级：	三级	树龄：	210年
胸围：	345厘米	树高：	14.0米
东西冠幅：	15.0米	南北冠幅：	13.0米
平均冠幅：	14.0米	立地坡向：	无坡向
生长环境：	良好	生长势：	正常

榆

所 在 地：宁夏回族自治区中卫市海原县海城镇王井村

经　　度：	105.66°	纬　　度：	36.63°
权　　属：	个人	分布特点：	散生
古树等级：	三级	树　　龄：	120年
胸　　围：	270厘米	树　　高：	8.0米
东西冠幅：	14.0米	南北冠幅：	12.0米
平均冠幅：	13.0米	立地坡向：	东
生长环境：	中等	生 长 势：	正常

榆

所 在 地：宁夏回族自治区中卫市海原县海城镇王井村

经　　度：	105.66°	纬　　度：	36.63°
权　　属：	个人	分布特点：	散生
古树等级：	三级	树　　龄：	120年
胸　　围：	330厘米	树　　高：	17.0米
东西冠幅：	14.0米	南北冠幅：	12.0米
平均冠幅：	13.0米	立地坡向：	无坡向
生长环境：	良好	生 长 势：	正常

榆

所 在 地：宁夏回族自治区中卫市海原县海城镇王井村

经　　度：	105.66°	纬　　度：	36.63°
权　　属：	集体	分布特点：	散生
古树等级：	三级	树　　龄：	210年
胸　　围：	280厘米	树　　高：	16.0米
东西冠幅：	15.0米	南北冠幅：	13.0米
平均冠幅：	14.0米	立地坡向：	无坡向
生长环境：	良好	生 长 势：	正常

榆

所 在 地：宁夏回族自治区中卫市海原县海城镇王井村

经　　度：	105.66°	纬　　度：	36.63°
权　　属：	集体	分布特点：	散生
古树等级：	三级	树　　龄：	220年
胸　　围：	290厘米	树　　高：	15.0米
东西冠幅：	12.0米	南北冠幅：	13.0米
平均冠幅：	12.5米	立地坡向：	西
生长环境：	良好	生 长 势：	正常

海原县九彩乡后山上，有一株百年古榆树。据老辈人说，当年山上有不少大榆树，后来陆续被村民砍伐用材了，唯有准备砍伐这株大树时，不是遭遇雷电风雨等天气，就是发生其他意想不到的事，因此当地人断了砍树的念头，此树保留至今。

❷ 白　榆（古树2株）*Ulmus pumia* L.

榆科　榆属

白榆

所 在 地：宁夏回族自治区中卫市海原县史店乡米湾村

经　　度：	105.76°	纬　　度：	36.63°
权　　属：	个人	分布特点：	散生
古树等级：	三级	树　　龄：	130年
胸　　围：	190厘米	树　　高：	10.0米
东西冠幅：	14.0米	南北冠幅：	16.0米
平均冠幅：	15.0米	立地坡向：	无坡向
生长环境：	中等	生 长 势：	正常

白榆

所在地：	宁夏回族自治区中卫市海原县红羊乡张元村		
经　度：	105.73°	纬　度：	36.24°
权　属：	集体	分布特点：	散生
古树等级：	三级	树　龄：	270年
胸　围：	185厘米	树　高：	17.0米
东西冠幅：	15.0米	南北冠幅：	18.0米
平均冠幅：	16.5米	立地坡向：	东南
生长环境：	良好	生长势：	正常

❸ 枣（古树群） *Zizyphus jujuba* Mill.

鼠李科　枣属

枣

所 在 地：宁夏回族自治区中卫市沙坡头区迎水桥镇南长滩村

经　　度：106.12°　　纬　　度：37.91°

权　　属：个人　　分布特点：群生

古树等级：三级　　树　　龄：平均160年

立地坡向：无坡向　　生长环境：良好

生 长 势：正常

枣树群1

枣树群2

南长滩村位于宁夏中卫市沙坡头区迎水桥镇，地处宁甘两省交界处，因黄河水冲刷形成狭长河滩地而得名，是黄河进入宁夏第一个行政村，素有“宁夏黄河第一村、宁夏黄河第一渡、宁夏黄河第一漂”之称。

南长滩村村民大多姓拓，据传是西夏党项贵族后裔，蒙古灭西夏后，党项贵族拓跋氏逃难到这个“世外桃源”居住下来，该村拓姓人至今保存有完整的族谱。宁夏大学西夏学泰斗李范文先生考察后认定这个村是西夏人后裔所建。村中古宅院错落有致，石砌小道环绕其中。2008年12月，南长滩村被确定为宁夏首个“全国历史文化名村”。

❹ 枣（古树6株）*Zizyphus jujuba* Mill.

鼠李科　枣属

枣

所 在 地：	宁夏回族自治区中卫市中宁县石空镇太平村		
经　　度：	105.66°	纬　　度：	37.54°
权　　属：	个人	分布特点：	散生
古树等级：	三级	树　　龄：	160年
胸　　围：	148厘米	树　　高：	12.0米
东西冠幅：	11.0米	南北冠幅：	9.0米
平均冠幅：	10.0米	立地坡向：	无坡向
生长环境：	良好	生 长 势：	正常

枣

所在地：宁夏回族自治区中卫市中宁县石空镇太平村

经　　度：	105.66°	纬　　度：	37.54°
权　　属：	个人	分布特点：	散生
古树等级：	二级	树　　龄：	300年
胸　　围：	146厘米	树　　高：	17.0米
东西冠幅：	14.0米	南北冠幅：	12.0米
平均冠幅：	13.0米	立地坡向：	无坡向
生长环境：	良好	生 长 势：	正常

枣

所在地：宁夏回族自治区中卫市中宁县石空镇太平村

经度：	105.66°	纬度：	37.54°
权属：	个人	分布特点：	散生
古树等级：	三级	树龄：	160年
胸围：	164厘米	树高：	15.0米
东西冠幅：	13.0米	南北冠幅：	12.0米
平均冠幅：	12.5米	立地坡向：	无坡向
生长环境：	良好	生长势：	正常

枣

所 在 地：宁夏回族自治区中卫市中宁县石空镇太平村

经　　度：	105.66°	纬　　度：	37.54°
权　　属：	个人	分布特点：	散生
古树等级：	三级	树　　龄：	160年
胸　　围：	150厘米	树　　高：	18.0米
东西冠幅：	15.0米	南北冠幅：	13.0米
平均冠幅：	14.0米	立地坡向：	无坡向
生长环境：	良好	生 长 势：	正常

枣

所 在 地：宁夏回族自治区中卫市中宁县石空镇太平村

经 度：	105.66°	纬 度：	37.54°
权 属：	个人	分布特点：	散生
古树等级：	三级	树 龄：	160年
胸 围：	95厘米	树 高：	20.0米
东西冠幅：	13.0米	南北冠幅：	9.0米
平均冠幅：	11.0米	立地坡向：	无坡向
生长环境：	良好	生 长 势：	正常

枣

所 在 地：宁夏回族自治区中卫市中宁县石空镇太平村

经 度：	105.66°	纬 度：	37.54°
权 属：	个人	分布特点：	散生
古树等级：	三级	树 龄：	160年
胸 围：	50厘米	树 高：	16.0米
东西冠幅：	12.0米	南北冠幅：	10.0米
平均冠幅：	11.0米	立地坡向：	无坡向
生长环境：	良好	生 长 势：	正常

❺ 旱 柳（古树9株）*Salix matsudana* Koidz.

杨柳科 柳属

旱柳

所 在 地：宁夏回族自治区中卫市海原县西安镇小河村

经 度：	105.36°	纬 度：	36.62°
权 属：	国有	分布特点：	散生
古树等级：	二级	树 龄：	400年
胸 围：	620厘米	树 高：	16.0米
东西冠幅：	12.0米	南北冠幅：	14.0米
平均冠幅：	13.0米	立地坡向：	无坡向
生长环境：	良好	生 长 势：	正常

历史故事

“震柳”位于海原县西安镇小河村哨马营沟道中，1920年12月16日海原发生大地震时，这株有300年树龄的古柳树干被从中间撕裂。地震劈开的树干呈“V”形分离为东西两半，北半部分往西移，南半部分向东南方向移，即所谓左旋走滑位移，东半体现在的胸围380厘米，西半体胸围330厘米。两半体夹角约50度，树基部一大人可轻松地来回穿行，远观好似两株树相伴而生又如同天然穹门。这株“震柳”树干基部已中空，有枯朽衰败之态，而上部却枝繁叶茂，冠盖如云。令人称奇的是地震后又过去了100多年，这株树至今仍顽强地活着，成为研究当年地震的活标本。

旱柳

所 在 地：	宁夏回族自治区中卫市海原县西安镇小河村		
经　　度：	105.36°	纬　　度：	36.62°
权　　属：	国有	分布特点：	散生
古树等级：	二级	树　　龄：	400年
胸　　围：	410厘米	树　　高：	14.0米
东西冠幅：	17.0米	南北冠幅：	19.0米
平均冠幅：	18.0米	立地坡向：	无坡向
生长环境：	良好	生 长 势：	正常

旱柳

所 在 地：宁夏回族自治区中卫市海原县西安镇小河村

经　　度：	105.36°	纬　　度：	36.62°
权　　属：	国有	分布特点：	散生
古树等级：	二级	树　　龄：	400年
胸　　围：	420厘米	树　　高：	17.0米
东西冠幅：	16.0米	南北冠幅：	18.0米
平均冠幅：	17.0米	立地坡向：	无坡向
生长环境：	中等	生 长 势：	正常

旱柳

所 在 地：宁夏回族自治区中卫市海原县西安镇小河村

经　　度：	105.36°	纬　　度：	36.62°
权　　属：	国有	分布特点：	散生
古树等级：	二级	树　　龄：	400年
胸　　围：	410厘米	树　　高：	18.0米
东西冠幅：	21.0米	南北冠幅：	19.0米
平均冠幅：	20.0米	立地坡向：	无坡向
生长环境：	中等	生 长 势：	正常

旱柳

所 在 地：宁夏回族自治区中卫市海原县西安镇小河村

经　度：	105.36°	纬　度：	36.62°
权　属：	个人	分布特点：	散生
古树等级：	二级	树　龄：	400年
胸　围：	410厘米	树　高：	17.0米
东西冠幅：	17.0米	南北冠幅：	18.0米
平均冠幅：	17.5米	立地坡向：	无坡向
生长环境：	良好	生 长 势：	正常

旱柳

所 在 地：宁夏回族自治区中卫市海原县树台乡树台村

经　　度：105.4°　　纬　　度：36.52°

权　　属：集体　　分布特点：散生

古树等级：三级　　树　　龄：200年

胸　　围：430厘米　　树　　高：15.0米

东西冠幅：17.0米　　南北冠幅：18.0米

平均冠幅：17.5米　　立地坡向：无坡向

生长环境：良好　　生 长 势：正常

旱柳

所 在 地：宁夏回族自治区中卫市海原县李俊乡蔡祥村

经　　度：	105.84°	纬　　度：	36.24°
权　　属：	集体	分布特点：	散生
古树等级：	三级	树　　龄：	120年
胸　　围：	420厘米	树　　高：	16.0米
东西冠幅：	12.0米	南北冠幅：	10.0米
平均冠幅：	11.0米	立地坡向：	无坡向
生长环境：	良好	生 长 势：	正常

旱柳

所 在 地：宁夏回族自治区中卫市海原县李俊乡团结村

经　　度：	105.80°	纬　　度：	36.21°
权　　属：	集体	分布特点：	散生
古树等级：	三级	树　　龄：	160年
胸　　围：	280厘米	树　　高：	18.0米
东西冠幅：	14.0米	南北冠幅：	12.0米
平均冠幅：	13.0米	立地坡向：	无坡向
生长环境：	良好	生 长 势：	正常

旱柳

所 在 地：宁夏回族自治区中卫市海原县贾塘乡马营村

经　　度：	105.78°	纬　　度：	36.53°
权　　属：	个人	分布特点：	散生
古树等级：	三级	树　　龄：	210年
胸　　围：	310厘米	树　　高：	17.0米
东西冠幅：	13.0米	南北冠幅：	15.0米
平均冠幅：	14.0米	立地坡向：	无坡向
生长环境：	中等	生 长 势：	正常

❻ 梨（古树群） *Pyrus* L.

鼠李科　枣属

梨

所 在 地：宁夏回族自治区中卫市沙坡头区迎水桥镇北长滩村

经　　度：106.12°　纬　　度：37.91°

权　　属：个人　分布特点：群生

古树等级：三级　树　　龄：平均160年

立地坡向：无坡向　生长环境：良好

生 长 势：正常

梨树群

勤劳的南、北长滩村人利用黄河水润泽，种植400亩多亩梨树，春天，上千株百年老梨树繁花似锦，竞相吐蕊、花香袭人，花枝招展，吸引全国各地游客来此赏花，古树和滔滔的黄河水相映成趣，构成了一幅怡然自得的生态画卷。

7 梨（古树3株）*Pyrus* L.

鼠李科　枣属

梨

所 在 地：宁夏回族自治区中卫市沙坡头区滨河镇新墩花园老果园

经　　度：	106.47°	纬　　度：	37.93°
权　　属：	集体	分布特点：	散生
古树等级：	三级	树　　龄：	120年
胸　　围：	152厘米	树　　高：	11.0米
东西冠幅：	8.0米	南北冠幅：	6.0米
平均冠幅：	7.0米	立地坡向：	无坡向
生长环境：	中等	生 长 势：	正常

梨

所 在 地：宁夏回族自治区中卫市沙坡头区滨河镇新墩花园老果园

经　　度：	106.47°	纬　　度：	37.93°
权　　属：	集体	分布特点：	散生
古树等级：	三级	树　　龄：	120年
胸　　围：	126厘米	树　　高：	12.0米
东西冠幅：	7.0米	南北冠幅：	6.0米
平均冠幅：	6.5米	立地坡向：	无坡向
生长环境：	中等	生 长 势：	正常

梨

所 在 地：宁夏回族自治区中卫市沙坡头区滨河镇新墩小学旧址

经　　度：	106.47°	纬　　度：	37.93°
权　　属：	集体	分布特点：	散生
古树等级：	三级	树　　龄：	288年
胸　　围：	380厘米	树　　高：	28.0米
东西冠幅：	25.0米	南北冠幅：	24.0米
平均冠幅：	24.5米	立地坡向：	无坡向
生长环境：	良好	生 长 势：	正常

❽ 秋子梨（古树3株） *Pyrus ussuriensis* Maxim.

蔷薇科　梨属

秋子梨

所 在 地：	宁夏回族自治区中卫市中宁县余丁乡黄羊村		
经　　度：	105.54°	纬　　度：	37.61°
权　　属：	国有	分布特点：	散生
古树等级：	三级	树　　龄：	180年
胸　　围：	250厘米	树　　高：	18.0米
东西冠幅：	8.0米	南北冠幅：	7.0米
平均冠幅：	7.5米	立地坡向：	无坡向
生长环境：	良好	生 长 势：	正常

秋子梨：落叶乔木，树皮粗糙，暗灰色，枝黄灰白色或褐色，叶片近圆形至卵形；伞房花序，果实近球形，黄色或黄绿色，具褐色斑点，果肉含多数石细胞。花期5月，果期9—10月。宁夏全区普遍栽种。

秋子梨

所在地：宁夏回族自治区中卫市中宁县余丁乡黄羊村

经度：	105.54°	纬度：	37.61°
权属：	个人	分布特点：	散生
古树等级：	三级	树龄：	160年
胸围：	190厘米	树高：	13.0米
东西冠幅：	11.0米	南北冠幅：	9.0米
平均冠幅：	10.0米	立地坡向：	无坡向
生长环境：	良好	生长势：	正常

秋子梨

所 在 地：	宁夏回族自治区中卫市中宁县石空镇太平村		
经　　度：	105.69°	纬　　度：	37.54°
权　　属：	个人	分布特点：	群状
古树等级：	三级	树　　龄：	160年
胸　　围：	210厘米	树　　高：	15.0米
东西冠幅：	16.0米	南北冠幅：	18.0米
平均冠幅：	17.0米	立地坡向：	无坡向
生长环境：	良好	生 长 势：	正常

9 国　槐（古树2株）*Sophora japonica* L.

豆科　槐属

国槐

所 在 地：	宁夏回族自治区中卫市沙坡头区常乐镇枣林村		
经　　度：	106.47°	纬　　度：	37.93°
权　　属：	个人	分布特点：	散生
古树等级：	二级	树　　龄：	300年
胸　　围：	264厘米	树　　高：	15.0米
东西冠幅：	26.0米	南北冠幅：	24.0米
平均冠幅：	25.0米	立地坡向：	无坡向
生长环境：	良好	生 长 势：	正常

国槐

所 在 地：宁夏回族自治区中卫市沙坡头区滨河镇新华园小区

经　　度：	106.47°	纬　　度：	37.93°
权　　属：	集体	分布特点：	散生
古树等级：	三级	树　　龄：	120年
胸　　围：	240厘米	树　　高：	21.0米
东西冠幅：	14.0米	南北冠幅：	15.0米
平均冠幅：	14.5米	立地坡向：	无坡向
生长环境：	中等	生 长 势：	正常

⑩ 侧　柏（古树2株）*Platycladus orientalis* L.

柏科　侧柏属

侧柏

所 在 地：宁夏回族自治区中卫市海原县九彩乡九彩村

经　　度：	105.89°	纬　　度：	36.28°
权　　属：	集体	分布特点：	散生
古树等级：	三级	树　　龄：	158年
胸　　围：	130厘米	树　　高：	8.0米
东西冠幅：	9.0米	南北冠幅：	8.0米
平均冠幅：	8.5米	立地坡向：	无坡向
生长环境：	良好	生 长 势：	正常

侧柏：常绿乔木，树皮浅灰褐色，条状纵裂。叶鳞形，雄球花卵圆形，雌球花近球形，球果近卵圆形，成熟前近肉质，成熟后木质，红褐色，开裂；种子卵圆形或近椭圆形。花期4月，球果10月成熟。多作庭院栽培树种或绿篱。木材耐腐力强，有芳香，可供建筑、器具、文具等用材。宁夏全区均有栽培。

侧柏

所 在 地：宁夏回族自治区中卫市海原县九彩乡九彩村

经　　度：	105.89°	纬　　度：	36.28°
权　　属：	集体	分布特点：	散生
古树等级：	三级	树　　龄：	120年
胸　　围：	185厘米	树　　高：	11.0米
东西冠幅：	10.0米	南北冠幅：	8.0米
平均冠幅：	9.0米	立地坡向：	无坡向
生长环境：	良好	生 长 势：	正常

⑪ 小叶杨（古树1株）*Populus simon* Carr.

杨柳科　杨属

所 在 地：宁夏回族自治区中卫市海原县红羊乡安堡村

经　　度：	105.67°	纬　　度：	36.22°
权　　属：	个人	分布特点：	散生
古树等级：	三级	树　　龄：	140年
胸　　围：	270厘米	树　　高：	15.0米
东西冠幅：	14.0米	南北冠幅：	16.0米
平均冠幅：	15.0米	立地坡向：	无坡向
生长环境：	良好	生 长 势：	正常

⑫ 核　桃（古树1株）*Juglans regia* L.

胡桃科　胡桃属

所 在 地：宁夏回族自治区中卫市海原县海城镇高台村

经　　度：	105.64°	纬　　度：	36.56°
权　　属：	国有	分布特点：	散生
古树等级：	三级	树　　龄：	110年
胸　　围：	180厘米	树　　高：	16.0米
东西冠幅：	19.0米	南北冠幅：	17.0米
平均冠幅：	18.0米	立地坡向：	无坡向
生长环境：	良好	生 长 势：	正常

⑬ 梓（古树1株）*Catalpa ovata* G.

紫葳科　梓属

所 在 地：宁夏回族自治区中卫市海原县海城镇高台村

经　　度：105.64°　　纬　　度：36.56°

权　　属：国有　　分布特点：散生

古树等级：三级　　树　　龄：120年

胸　　围：230厘米　　树　　高：15.0米

东西冠幅：13.0米　　南北冠幅：12.0米

平均冠幅：12.5米　　立地坡向：无坡向

生长环境：良好　　生 长 势：正常

梓：落叶乔木，树皮暗灰色或灰褐色，单叶对生或3叶轮生，宽卵形或近圆形，圆锥花序顶生，花冠淡黄白色，蒴果深褐色，种子狭长圆形扁平。花期6—7月，果期9月。宁夏引进树种。